GIS 气象空间分析实习教程

主编：程志刚　李明刚　李金建
编委：邵　平　陈其航　孙　晨　王俊锋　程　阳

气象出版社
China Meteorological Press

内 容 简 介

ArcGIS 是美国 ERSI 公司推出的一种 GIS 软件平台，目前已成为众多 GIS 软件平台中最具代表性的一种，其强大的空间分析处理功能是其他同类软件无法比拟的，被广泛应用在测绘、城乡规划、灾害监测、环境保护等众多学科和领域。其在气象领域也同样被广泛应用于气象数据管理、数据可视化、气候资源区划、气象灾害监测与评估等诸多方面。

为了促进 ArcGIS 在气象领域的应用，使大气科学及相关专业的师生能够更快捷地入门 ArcGIS 软件平台，本书重点讲述应如何应用 ArcGIS 软件实现气象数据的空间分析，在介绍 ArcGIS 基本组件及栅格与矢量数据实现的基础上，选取了站点数据信息可视化、矢量数据空间插值、邻域分析、缓冲区分析、水文淹没模型、气候资源区划等在大气科学中应用广泛的案例，通过引导式案例教学，便于读者快速入门。本书可供大气科学、自然地理学等地学相关专业的师生参考阅读。

图书在版编目（CIP）数据

GIS 气象空间分析实习教程 / 程志刚, 李明刚, 李金建主编. -- 北京 : 气象出版社, 2024. 8. -- ISBN 978-7-5029-8300-0

Ⅰ. P416-39

中国国家版本馆 CIP 数据核字第 2024AA4083 号

GIS 气象空间分析实习教程

GIS Qixiang Kongjian Fenxi Shixi Jiaocheng

出版发行：气象出版社

地　　址：北京市海淀区中关村南大街 46 号　　**邮政编码：**100081

电　　话：010-68407112（总编室）　010-68408042（发行部）

网　　址：http://www.qxcbs.com　　**E-mail：**qxcbs@cma.gov.cn

责任编辑：蔺学东　毛红丹　　**终　　审：**张　斌

责任校对：张硕杰　　**责任技编：**赵相宁

封面设计：楠竹文化

印　　刷：北京地大彩印有限公司

开　　本：710 mm × 1000 mm　1/16　　**印　　张：**8.25

字　　数：150 千字

版　　次：2024 年 8 月第 1 版　　**印　　次：**2024 年 8 月第 1 次印刷

定　　价：60.00 元

前 言

当前，随着信息技术的高速发展，人们所能够获得的空间数据愈加精细化、多样化、海量化、综合化。气象数据是典型的多维度地学数据，需要以经度、纬度、高程、时间等维度来描述。作为以空间信息多维度描述为根本出发点的地理信息系统（GIS），不仅具备空间和属性数据的存储、编辑、管理等功能，还能为监测、预测及规划等提供科学依据。因此，GIS 技术在气象领域中的应用有着良好的基础以及广阔的前景。

本书系统介绍了 ArcGIS 在气象数据空间分析中应用的基本理论与方法。全书共 8 章，第 1 章是初识 ArcGIS，介绍 ArcGIS 基本组件与功能，并简明阐述了空间分析及其应用；第 2 章是 GIS 空间分析基础，主要介绍栅格数据和矢量数据，了解两类数据特征、格式，学会使用 ArcGIS 完成两类数据生成及基本分析；第 3 章是站点数据信息可视化，主要介绍数据可视化分类及站点数据可视化实验；第 4 章是空间插值，介绍空间插值的类型与方法，实现矢量数据空间插值，理解不同插值方法的差异，熟悉栅格数据的表面分析；第 5 章是基于泰森多边形的邻域分析，介绍邻域分析基本概念，熟悉离散点的泰森多边形生成流程，熟悉数据投影变换意义和手段及矢量数据的计算分析；第 6 章是基于缓冲区的台风影响分析，介绍缓冲区分析类型及常用算法，掌握缓冲区创建方法，并利用缓冲区分析功能实现台风影响分析；第 7 章是基于 DEM 的暴雨－淹没分析，介绍 GIS 水文分析功能，并应用 ArcGIS 水文分析模块实现基于 DEM 的流域河网提取和暴雨－淹没区域的面积计算；第 8

章是气候资源区划，熟悉空间区划分析流程，掌握基于 DEM 计算坡度、坡向的方法及矢量和栅格数据的综合分析。

本书的重点是应用 ArcGIS 软件实现气象数据的空间分析，并利用空间分析功能解决气象学中的问题，所以其对象是大气科学相关专业的师生和技术人员，也可以为地理学、生态学、水文学及环境科学等专业师生提供参考。

本书的出版受到了四川省应用基础研究项目（2021YJ0310）、国家自然科学基金项目（41971026）的经费资助。空间分析功能应用范围广、发展速度快，本书仅仅涉及气象领域中部分常用的功能，是成都信息工程大学及中国民航飞行学院 GIS 课程教学的积累。由于受作者的经验和水平所限，难免有诸多不足，敬请同行们批评、指正！

作 者

2024 年 1 月

目　录

前　言

第 1 章　初识 ArcGIS ······ 1

1.1　GIS 与 ArcGIS ······ 1

1.2　ArcGIS 组件及其功能 ······ 2

1.3　GIS 空间分析 ······ 7

第 2 章　GIS 空间分析基础 ······ 9

2.1　栅格数据和矢量数据 ······ 9

2.2　实验 1　矢量数据空间分析基础 ······ 11

2.3　实验 2　栅格数据空间分析基础 ······ 26

第 3 章　站点数据信息可视化 ······ 37

3.1　气象数据可视化 ······ 37

3.2　实验 3　站点数据可视化 ······ 38

第 4 章　空间插值 ······ 57

4.1　空间插值的定义及方法 ······ 57

4.2　实验 4　站点数据空间插值 ······ 61

第 5 章　基于泰森多边形的邻域分析 ······ 73

5.1　邻域分析 ······ 73

5.2　实验 5　站点的泰森多边形邻域分析 ······ 74

第 6 章　基于缓冲区的台风影响分析 …… 87

6.1　缓冲区分析 …… 87

6.2　实验 6　台风路径及其影响分析 …… 88

第 7 章　基于 DEM 的暴雨 – 淹没分析 …… 97

7.1　GIS 水文分析 …… 97

7.2　实验 7　渝北地区暴雨 – 淹没范围分析 …… 98

第 8 章　气候资源区划 …… 109

8.1　气候区划基础 …… 109

8.2　实验 8　简单气候区划 …… 109

参考文献 …… 125

第 1 章 初识 ArcGIS

1.1 GIS 与 ArcGIS

GIS 运行所必需的各种程序即为 GIS 的软件系统，通常包括 GIS 支撑软件、GIS 平台软件和 GIS 应用软件三类。其中，GIS 支撑软件是指 GIS 运行所必需的各种软件环境，如操作系统、数据库管理系统、图形处理系统等；GIS 平台软件包括 GIS 功能所必需的各种处理软件，一般包括空间数据输入与转换、空间数据编辑、空间数据管理、空间数据查询与空间分析、空间数据制图与输出五部分，称之为 GIS 的五大子系统；GIS 应用软件一般是在 GIS 平台软件基础上，通过二次开发所形成的具体应用软件，一般是面向应用部门的（汤国安，2019）。

GIS 平台软件应当具备获取数据、存储数据、数据查询、数据分析、数据可视化和输出数据等功能，ArcGIS 便是一个具备上述功能的完整的地理信息平台。而且作为一个可伸缩的平台，ArcGIS 包含了桌面 GIS（ArcGIS Desktop/Engine）、服务器 GIS（ArcGIS Server/ArcIMS）、移动 GIS（ArcGIS Mobile/ArcPad）和开发 GIS 四个主要的部署 GIS 的框架，即无论是在桌面、服务器、野外还是通过网络（Web）应用，均能为个人用户或群体用户提供 GIS 的功能[①]。

ArcGIS Desktop 10.0 是一个基于个人电脑（Personal Computer，PC）端的集成众多 GIS 应用的软件套件，10.0 版本于 2010 年发布，其分为三个功能开放级别，分别为：① ArcGIS for Desktop Basic（ArcView）提供了综合性数据使用、制

① ERSI ArcGIS/ENVI 软件应用于气象行业解决方案。

图、分析，以及简单的数据编辑和空间处理工具；② ArcGIS for Desktop Standard（ArcEditor），即在 ArcGIS for Desktop Basic 的基础上，增加了对 Shapefile 和 Geodatabase 的高级编辑、管理功能；③ ArcGIS for Desktop Advanced（ArcInfo）是一个全功能的旗舰式 GIS 桌面产品，它在 ArcGIS for Desktop Standard 的基础上，扩展了复杂 GIS 的分析功能和丰富的空间处理工具[①]。

1.2 ArcGIS 组件及其功能

本教程使用软件版本为 ArcGIS Desktop 10.2 版本，其安装完成后包含五个主要的桌面应用，分别为 ArcMap、ArcCatalog、ArcToolbox、ArcGlobe 和 ArcScene，其中 ArcToolbox 内嵌于其他四个应用之中。五个应用之中最为核心的三个应用代表着理解 GIS 的三种角度，即 GIS 是一幅智能的地图（ArcMap）、GIS 是一套地理数据集（ArcCatalog）及 GIS 是一套空间处理工具（ArcToolbox）（杨克诚，2009）。

1.2.1 ArcMap 简介

ArcMap 是 ArcGIS for Desktop 中一个主要的应用程序，具有基于地图的所有功能，包括地图制图、数据分析和编辑等。ArcMap 提供两种类型的地图视图，即地理数据视图（图 1.1）和地图布局视图（图 1.2）。在地理数据视图中，可以对图层进行符号化显示、分析和编辑 GIS 数据集。在地图布局视图中，可以进行地图出图排版、添加地图元素（比例尺、图例、指北针等）。对空间数据进行编辑、查询、显示、分析、报表和制图等均可在 ArcMap 中实现（杨克诚，2009；汤国安 等，2017）。

ArcMap 让用户能按照需要创建地图，在地图上加载数据，并用合适的方式来表达；它可以实现可视化，通过处理地理数据，揭示地理信息中隐藏的趋势和分布特点；它可以很方便地实现制图成图。最重要的是，ArcMap 的定制环境可以为用户“量体裁衣”，让用户定制自己需要的界面，建立新的工具

① ERSI ArcGIS for Desktop 操作手册。

来自动化操作他们的工作，并且可以发展出基于 ArcMap 地图组件的独立应用程序。总之，ArcMap 能帮助用户解决一系列的空间问题，并且起到了很好的辅助决策的作用（汤国安 等，2017）。

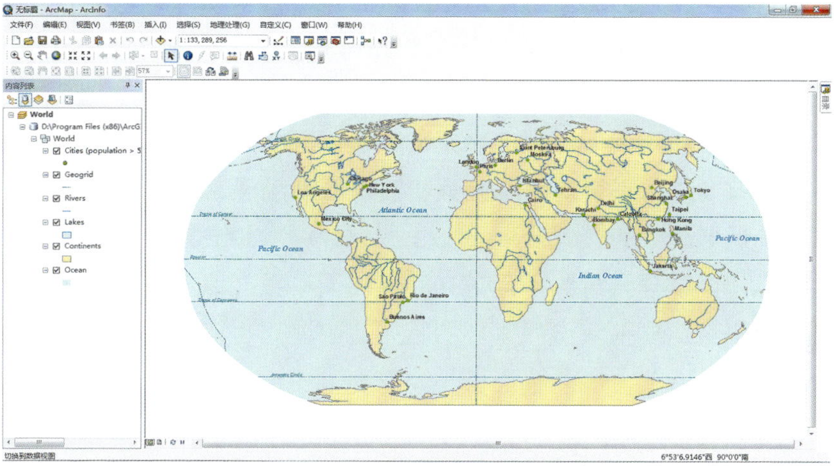

图 1.1 ArcMap 地理数据视图示意

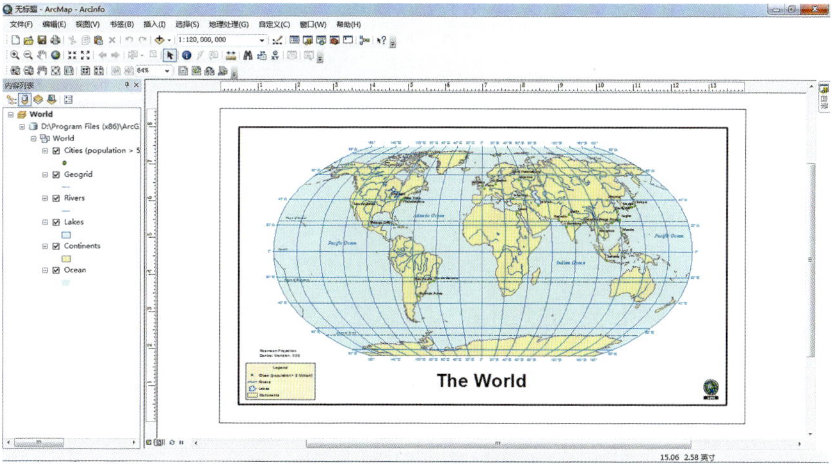

图 1.2 ArcMap 地图布局视图示意

1.2.2 ArcCatalog 简介

ArcCatalog 是地理数据的资源管理器，帮助用户组织和管理所有的 GIS 信息，如地图、数据集、模型、元数据、服务等。它包括以下功能：浏览和查找地理信息；记录、查看和管理元数据；定义、输入和输出 Geodatabase 结构和设计；在局域网和广域网上搜索、查找 GIS 数据；管理 GIS Server（图 1.3）。

ArcCatalog 包含一组工具用于浏览和查找地理数据、记录和浏览元数据、快速显示数据集以及为地理数据定义数据结构。GIS 使用者使用 ArcCatalog 来组织、管理和使用 GIS 数据，同时使用标准化的元数据来描述数据。GIS 数据库的管理员使用 ArcCatalog 来定义和建立 Geodatabase。GIS 服务器管理员则使用 ArcCatalog 来管理 GIS 服务器框架（杨克诚，2009）。

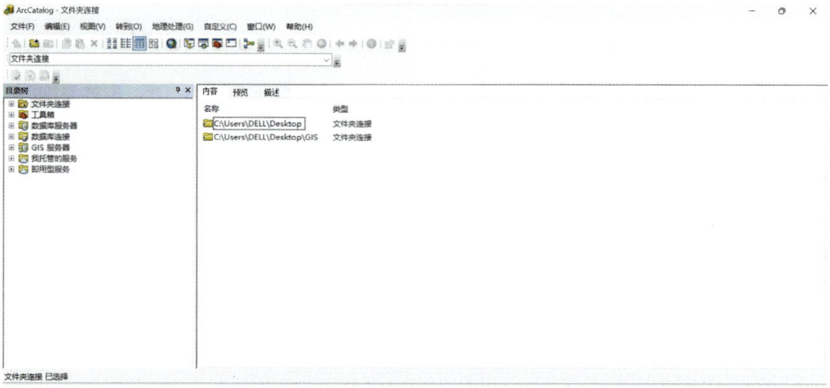

图 1.3　ArcCatalog 操作界面示意

1.2.3　ArcToolbox 简介

ArcToolbox 是一个简单的包含了各种用于空间处理的 GIS 工具的应用程序（图 1.4）。ArcToolbox 内嵌在 ArcCatalog、ArcMap、ArcGlobe 和 ArcScene 之中，在 ArcView、ArcEditor 和 ArcInfo 中都可以使用。ArcToolbox 具有许多复杂的空间处理功能，包括的工具有数据管理、数据转换、Coverage 的处理、矢量分析、地理编码、统计分析等（杨克诚，2009）。

ArcToolbox 提供了极其丰富的地学数据处理工具，使用 ArcToolbox 中的工具，能够在 GIS 数据库中建立并集成多种数据格式，进行高级 GIS 分析，处理 GIS 数据等；使用 ArcToolbox 可以将所有常用的空间数据格式与 ArcInfo 的 Coverage、Grids、TIN 进行互相转换；在 ArcToolbox 中可进行拓扑处理，可以合并、剪贴、分割图幅，以及使用各种高级的空间分析工具等

（汤国安 等，2017）。

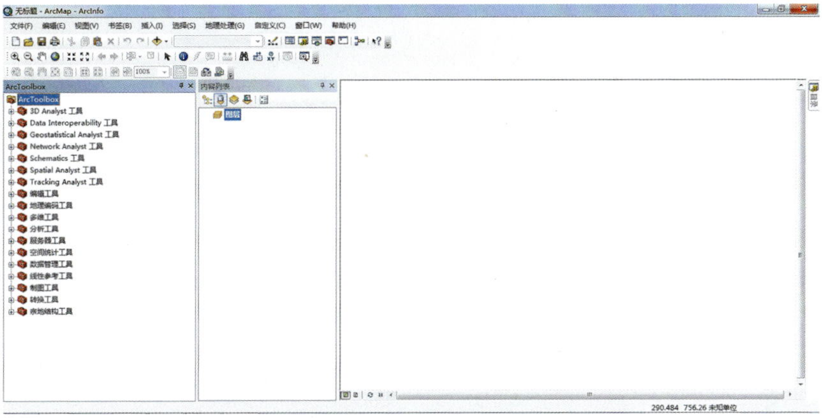

图 1.4　ArcMap 中的 ArcToolbox 界面示意

1.2.4　ArcGlobe 简介

ArcGlobe 是 ArcGIS 桌面系统中 3D 分析扩展模块中的一个部分，提供了全球地理信息的连续、多分辨率的交互式浏览功能。像 ArcMap 一样，ArcGlobe 也是使用 GIS 数据层，显示 Geodatabase 和所有支持的 GIS 数据格式中的信息。ArcGlobe 具有地理信息的动态 3D 视图，将所有的 GIS 数据源整合到一个通用的全球的框架中。它能处理数据的多分辨率显示，使数据集能够在适当的比例尺和详细程度上可见（图 1.5 和图 1.6）。

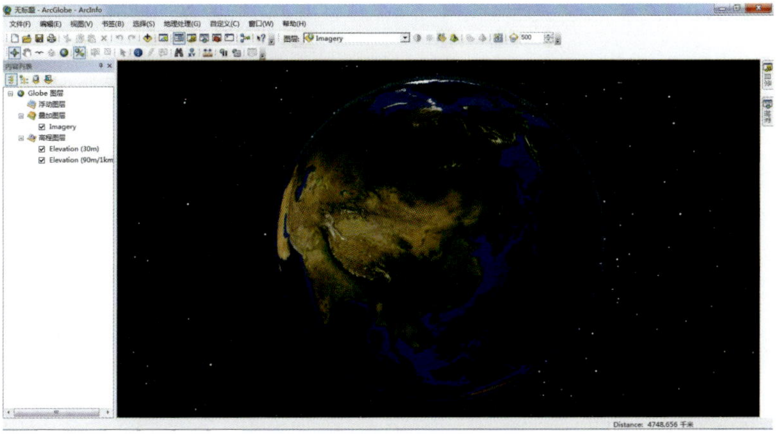

图 1.5　ArcGlobe 界面示意一

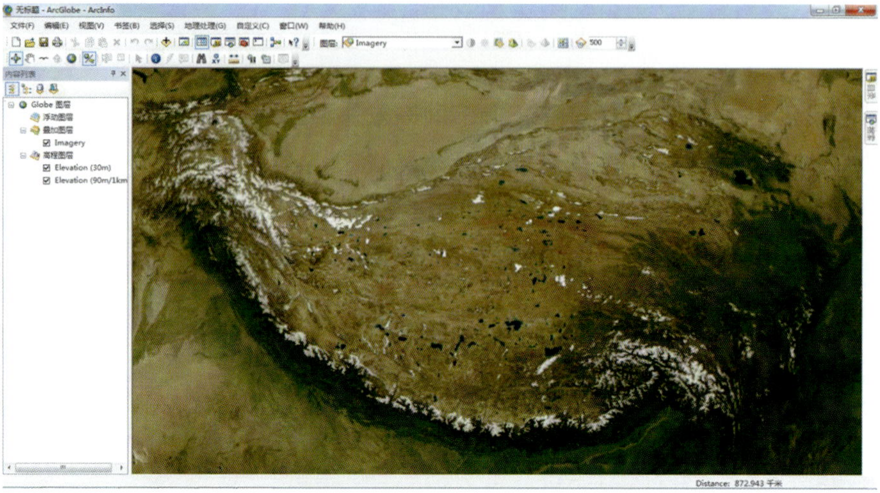

图 1.6　ArcGlobe 界面示意二

1.2.5　ArcScene 简介

与 ArcMap 类似，ArcScene 是 ArcGIS Desktop 中专门用于显示三维数据的独立程序（图 1.7）。ArcScene 的功能是浏览三维数据、创建表面、进行表面分析、三维飞行模拟。ArcScene 可以看成是 ArcGlobe 的一个子集。它们都依赖于 ArcGIS 的 3D 分析模块。

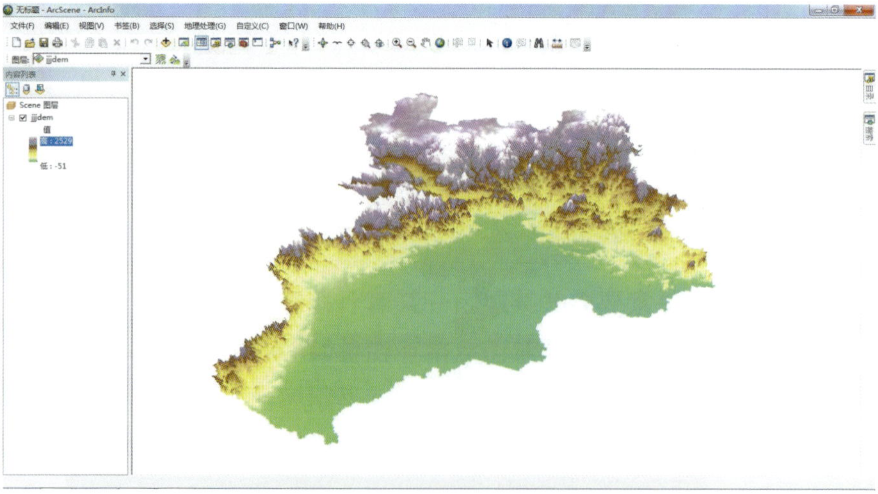

图 1.7　ArcScene 界面示意

1.3　GIS 空间分析

1.3.1　空间分析的概念

随着对地观测和计算机技术的发展，空间信息及其分析、处理能力已极大丰富和加强，人们渴望利用这些空间信息来认识和把握地球和社会的空间运动规律，进行虚拟、科学预测和调控，迫切需要建立空间信息分析的理论和方法体系。地理信息系统出现后，吸取了所有能够利用的空间分析的理论和方法，将它们植入 GIS 系统中。于是，在 GIS 系统支持下，空间分析顺利得以实现并得到进一步飞跃；GIS 也因为有了空间分析这一强有力的理论支持而获得更强大的生命力和更广阔的发展空间。空间分析已被认为是地理信息系统中最核心、最重要的理论之一，也是 GIS 系统区别于其他计算机辅助设计系统的关键所在。

空间分析的概念，从不同的角度理解有不同的定义方式。

从侧重于空间实体对象的图形与属性的交互查询角度来考虑，空间分析是从 GIS 目标之间的空间关系中获取派生的信息和新的知识，其分析对象是地理目标的空间关系，内容由拓扑空间查询、缓冲区分析、叠置分析、空间集合分析和地学分析组成。

从侧重于空间信息的提取和空间信息传输角度来考虑，空间分析是基于地理对象的位置和形态特征的空间数据分析技术，其目的在于提取和传输空间信息。分析对象是地理目标的位置和形态特征，则可将空间信息分为空间位置、空间分布、空间统计、空间关系、空间关联、空间对比、空间趋势和空间运动。其对应的空间分析操作为空间位置分析、空间分布分析、空间形态分析、空间关系分析和空间相关分析。

随着空间分析向更深层次发展，空间分析逐步走向为决策提供支持。空间分析对象是与决策支持有关的地理目标的空间信息及其形成机理，主要强调相关数学建模及模型的管理与应用。空间分析可以理解为是在对地理空间中的目标进行形态结构定义与分类的基础上，对目标的空间关系和空间行为进行描述，为目标的空间查询和空间相关分析提供参考，进一步为空间决策提供服务的功能体系，其体系包括以下内容：空间数据探索、空间回归分析、空间机理模型、空间统计－机理模型、空间复杂系统模型、空间运筹模型、空间数据挖掘（汤国安 等，2017）。

1.3.2 空间分析的实际应用

早期 GIS 发展集中于空间数据结构及计算机制图方面；随着 GIS 基础理论研究逐步走向成熟，计算机软硬件技术和相关学科的进步也为 GIS 提供了更好的支撑，GIS 技术正处于飞速发展的进程中，其中融合的数据急剧增长。在此基础上人们不仅需要知道“在哪里”“怎么去”这些基本的 GIS 空间分析问题，更关心所处的具体位置与周围环境的关系，普通市民会关心住宅区房屋的采光效果、噪声影响、交通和生活便利情况等；农业规划管理和生产者考虑具体的地理环境下山地退耕还林、农业生产效率、农作物分区种植等方案确定；城市规划和决策者需要考虑城市总体的合理规划，如垃圾处理厂对周围环境的影响程度，考虑商场、学校、交通站点的地点选择；水利、铁路、环境等部门则关心所辖区域在面临大量降雨条件下哪些区域可能发生诸如泥石流、山体滑坡、洪水淹没、交通破坏等灾害事件。这些人们关心和亟待解决的问题大都可以划归为空间分析的范畴，可见 GIS 空间分析正成为人们关注的焦点，起到越来越重要的作用。GIS 空间分析目前已广泛应用于水污染监测、城市规划与管理、地震灾害和损失估计、洪水灾害分析、矿产资源评价、道路交通管理、地形地貌分析、医疗卫生、军事领域等（汤国安 等，2017）。

1.3.3 GIS 空间分析在气象领域中的应用

GIS 软件提供的地理统计分析、网络分析、空间分析等空间统计分析工具，也被用于气象要素的统计分析、空间插值等工作。气象业务与地理数据的密切联系，决定了气象业务对地理信息系统有着广泛的应用需求。GIS 作为一种空间信息管理技术，在气象预报、气象灾害监测预报预警、公共气象服务、短期气候预测、应对气候变化、气象预报预测等方面都有着非常广阔的应用空间，能够为海量气象数据管理与共享、气象数据分析展现、精细化气象预测预报、公共气象服务、气象应急指挥等各应用领域提供基础科技支撑和决策支持。

第2章 GIS 空间分析基础

空间分析是对基于地理对象的位置和形态特征的空间数据有关分析技术的统称，根据空间对象的不同特征可以运用不同的空间分析方法，其核心是根据描述空间对象的空间数据分析其位置、属性、运动变化规律，以及对周围其他对象的相关制约、相互影响的关系（汤国安 等，2017）。不同的空间数据模型有其自身的特点和优点，基于不同数据模型的分析方法往往有所差别，GIS 数据按照数据结构可以分为栅格型数据和矢量型数据两类基本的数据模型，本章对二者的数据特点及基本空间分析方法做进一步讨论。

2.1 栅格数据和矢量数据

2.1.1 栅格数据

在栅格模型中，地理空间被划分为规则的小单元（像元），空间位置由像元的行列号表示。像元的大小反映数据的分辨率，空间物体由若干像元隐含描述。栅格数据模型的设计思想是将地理空间看成一个连续的整体，在这个空间中处处有定义。

栅格结构是以规则的阵列来表示空间地物或现象分布的数据组织，组织中的每个数据表示地物或现象的非几何属性特征。栅格结构的显著特点是属性明显、定位隐含，即数据直接记录属性的指针或属性本身，而所在位置则根据行列号转换为相应的坐标给出，也就是说，定位是根据数据在数据集中的位置得到的。

栅格结构表示的地表是不连续的，是量化和近似离散的数据。在栅格结构中，地表被分成相互邻接、规则排列的矩形方块（特殊的情况下也可以是三角形或菱形、六边形等），每个地块与一个栅格单元相对应。栅格数据的比例尺就是栅格大小与地表相应单元大小之比。在许多栅格数据处理时，常假设栅格所表示的量化表面是连续的，以便使用某些连续函数。由于栅格结构对地表的量化，在计算面积、长度、距离、形状等空间指标时，若栅格尺寸较大，则会造成较大的误差，同时由于在一个栅格的地表范围内，可能存在多于一种的地物，而表示在相应的栅格结构中常常只能是一个代码，因此也会带来一定的形变或误差（汤国安 等，2017）。

总体上来说，栅格结构的数据易于存储、计算、修改扩充及显示，处理起来相对方便。在气象领域中再分析数据、卫星遥感数据、模式输出资料等格点数据均属于栅格数据的范畴。

2.1.2 矢量数据

矢量模型将地理空间看成一个空间区域，地理要素存在于其间。在矢量模型中，各类地理要素根据其空间形态特征分为点、线、面三类，对实体是位置显式、属性隐式进行描述的。

点实体包括由单独一对 x、y 坐标定位的一切地理或制图实体。在矢量数据结构中，除点实体的 x、y 坐标外，还应存储其他一些与点实体有关的数据来描述点实体的类型、制图符号和显示要求等。点是空间上不可再分的地理实体，可以是具体的，也可以是抽象的，如地物点、文本位置点或线段网络的结点等，如果点是一个与其他信息无关的符号，则记录时应包括符号类型、大小、方向等有关信息；如果点是文本实体，记录的数据应包括字符大小、字体、排列方式、比例、方向，以及与其他非图形属性的联系方式等信息。对其他类型的点实体也应做相应的处理。

线实体用其中心轴线（或侧边线）上的抽样点坐标串表示其位置和形状；线实体可以定义为直线元素组成的各种线性要素，直线元素由两对以上的 x、y 坐标定义。最简单的线实体只存储其起止点坐标、属性、显示符等有关数据。

面实体用范围轮廓线上的抽样点坐标串表示位置和范围，多边形面（有时称为区域）数据是描述地理空间信息的最重要的一类数据。在区域实体中，具有名称属性和分类属性的，多用多边形表示，如行政区、土地类型、植被分布等；具有标量属性的有时也用等值线描述（如地形、降水量等）。

气象工作者接触较多的矢量数据有国界、省（区、市）界和流域的地理底图，以及站点数据、MICAPS 资料等。

栅格数据模型和矢量数据模型是描述地理现象最常见、最通用的数据模型。栅格数据与矢量数据的最大区别是前者用像元空间充填集合表示，后者用点串序列表达边界形状及分布。因此，栅格数据面向空间的数据结构在布尔运算、整体操作特征计算及空间检索方面有着明显的优势，而矢量数据面向目标的数据结构，则很容易实现模型生成、目标显示及几何变换（汤国安 等，2017）。

2.2 实验 1 矢量数据空间分析基础

由于矢量数据结构相对复杂，因此，针对矢量数据的空间分析方法多样而复杂。一般而言，在地学中针对矢量数据的，较为基本的空间分析有缓冲区分析、叠置分析和网络分析三种。网络分析在气象领域中应用较少，在此不做过多讨论，而缓冲区分析将在本教程第 6 章中做详细讨论，这里亦不再赘述。这里以实验 1 为例来介绍矢量数据的空间查询、空间统计、叠置分析等基本分析方法。

2.2.1 实验目的

（1）熟悉 ArcCatalog 和 ArcMap 的操作界面。

（2）掌握站点数据生成 Shapefile 文件的方法。

（3）熟悉基于矢量数据的空间查询、空间统计和叠置分析等基本分析方法。

2.2.2 实验数据

（1）矢量数据：华中地区三省份省界底图，存于 ex01\HZmap 下；华中地区主要河流分布，存于 ex01\HZriver 下，二者都是 Shapefile 文件。

（2）站点数据：华中地区三省份 52 个站点降水指标，存于 ex01 文件夹下名为 Test1 的 Excel 中。各项数据按列存放，包含站号、经度、纬度、Rdays、Wdurs、Ddurs、海拔、省份和站名共 9 项。其中 Rdays、Wdurs 和 Ddurs 分别为气候平均的初夏雨日总数、降水过程平均连续天数和无雨时段平均连续天数。

2.2.3 实验理论基础

1. Shapefile 文件

Shapefile 文件格式是 ESRI 于 1992 年推出的矢量数据格式（池建，2011）。它是工业标准的矢量数据文件，也是 ArcGIS 中最基本、最常用的数据格式。目前有较多的开放资源提供我国国界、省（区、市）界、县（市、区）界、流域范围及河网水系等的 Shapefile 文件，其在 ArcGIS 和 NCL（The NCAR Command Language）中均可以使用。

一个完整的 ESRI 的 Shapefile 文件至少包括 3 个文件，即主文件（*.shp）、索引文件（*.shx）、dBASE（*.dbf）表。有时，还会出现特征空间索引文件（.sbn 和 .sbx）、存储地理要素主体属性表或其他表格的活动字段的属性索引信息的文件（.ain 和 .aih），以及存储投影信息的文件（.prj）。

2. 叠置分析

叠置分析是地理信息系统中常用的提取空间隐含信息的方法之一，叠置分析是将有关主题层组成的各个数据层面进行叠置产生一个新的数据层面，其结果综合了原来两个或多个层面要素所具有的属性，同时叠置分析不仅生成了新的空间关系，而且还将输入的多个数据层的属性联系起来产生了新的属性关系。其中，被叠加的要素层面必须是基于相同坐标系统的同一地带，还必须查验叠加层面之间的基准面是否相同。

从原理上来说，叠置分析是对新要素的属性按一定的数学模型进行计算分析，其中往往涉及逻辑交、逻辑并、逻辑差等的运算。根据操作要素的不同，叠置分析可以分成点与多边形叠加、线与多边形叠加、多边形与多边形叠加；根据操作形式的不同，叠置分析可以分为交集取反、擦除、更新、标识、相交、空间连接和联合等功能。在 ArcGIS 中可以进行叠置分析的数据格式有 Coverage、Shapefile、Geodatabase 中的数据要素等（汤国安 等，2017）。

2.2.4　实验内容

（1）基于 Excel 中的站点数据生成 Shapefile 文件。

（2）对得到的矢量数据进行空间查询、空间统计和叠置分析。

2.2.5　实验步骤

1. 规范站点数据格式并保存为文本文件以供 ArcCatalog 处理

第一步，规范数据格式，具体操作如下。

打开 **ex01** 文件夹下的 Excel 文件，选中经度、纬度、Rdays、Wdurs、Ddurs 和海拔六列数据（不包含首行表头），右键—**设置单元格格式**，在弹出的对话框中依次选择**数字—数值—小数位数：2；负数：-1234.10—确定**（图 2.1）。

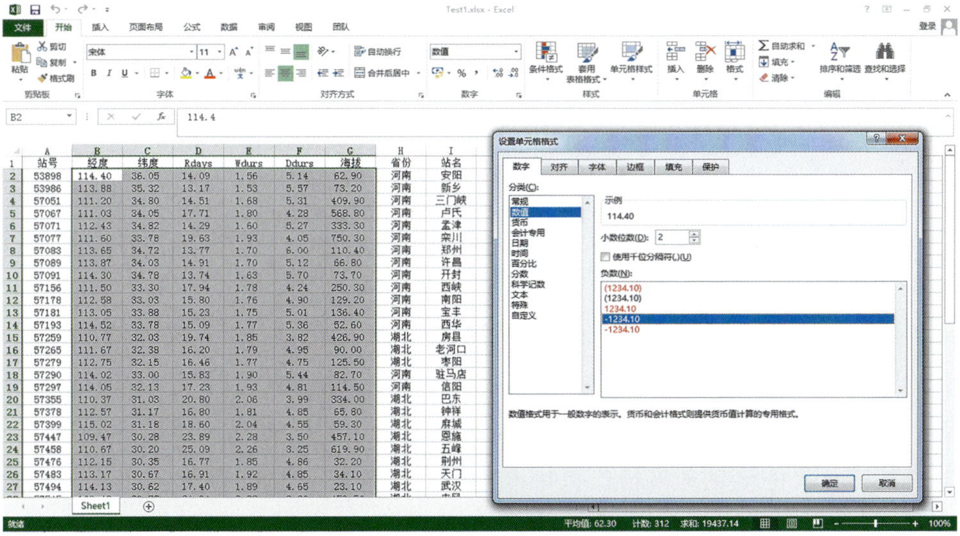

图 2.1　在 Excel 中规范站点数据格式

第二步，导出文本文件，具体操作如下。

表格左上角，单击**文件—导出—更改文件类型**，选中**文本文件**（**制表符分隔 *.txt**）—**另存为 ex01** 路径下 **Test1.txt**（在后续的弹窗中均选**是**）—**关闭 Excel**。此时已准备好了用于生成矢量数据的站点数据 Test1.txt。

注意，此步骤有两处常出问题的地方：①选择导出的文本文件格式时选择了 **Unicode 文本 *.txt** 而非**制表符分隔 *.txt**，导致后续生成矢量数据报错；②输出文件后未关闭 Excel 导致 ArcCatalog 生成矢量数据时报错。另外，不同版本的 office 软件导出文本文件的方式可能略有不同，在操作时需注意上述步骤并不是唯一的途径。

2. 基于文本文件，使用 ArcCatalog 生成 Shapefile 文件

第一步，启动 ArcCatalog，并建立连接文件夹，具体操作如下。

依次选中**开始**菜单—**所有程序**—**ArcGIS**—**ArcCatalog 10**，启动应用。在应用界面左列目录树栏中右击**文件夹连接**—选择**连接文件夹**，在弹窗中选中 **ex01** 文件夹并确定。此时在连接文件夹下出现了 ex01 文件夹的选项，表示连接文件夹成功。我们可以连接多个文件夹，亦可以断开某个文件夹，断开时只需右击某连接文件夹，在弹窗中选择**断开文件夹连接**（更为快捷地连接和断开文件夹可在工具栏中直接点击**连接到文件夹**和**断开与文件夹的连接**两个选项即可）。连接文件夹的确定为 ArcGIS 软件应用提供了指定工作路径，方便软件在指定路径下读取和存储数据，亦方便使用者管理 GIS 数据及进行空间分析。

第二步，基于文本文件创建 Shapefile 文件，具体操作如下。

在 ArcCatalog 左列目录树连接文件夹中选中 **ex01** 文件夹，右侧主界面内容列表中可以看到该文件夹下的所有文件及文件夹，右键单击 **Test1.txt**—**创建要素类**—**从 *XY* 表**，在弹窗的选项中分别做如下选择：① ***X* 字段**：下拉菜单中选择**经度**；***Y* 字段**：下拉菜单中选择**纬度**；②单击**输入坐标的坐标系**，在弹窗中选**导入**—单击**文件夹连接**—选择 **ex01\HZmap** 文件夹下的 **HZmap.shp**—单击**添加**—单击**应用**—单击**确定**，即赋予与 HZmap 相同的坐标系；③选择输出文件格式及路径：在输出项中单击**浏览**—选择 **ex01** 文件夹—（可选操作：单击**新建文件夹图标**—将新生成的“新建文件夹”**改名为 HZsta**）在**保存类型**项的下拉菜单中选中 **Shapefile**—将生成的矢量数据文件**名称改为 HZsta.shp**—点击**保存**—最后单击**确定**。

关闭 **ArcCatalog**，打开 **HZsta** 文件夹，可以看到共有 6 个文件，分别为 HZsta.dbf、HZsta.prj、HZsta.sbn、HZsta.sbx、HZsta.shp 和 HZsta.shx，表示矢量数据创建成功（图 2.2～图 2.4）。

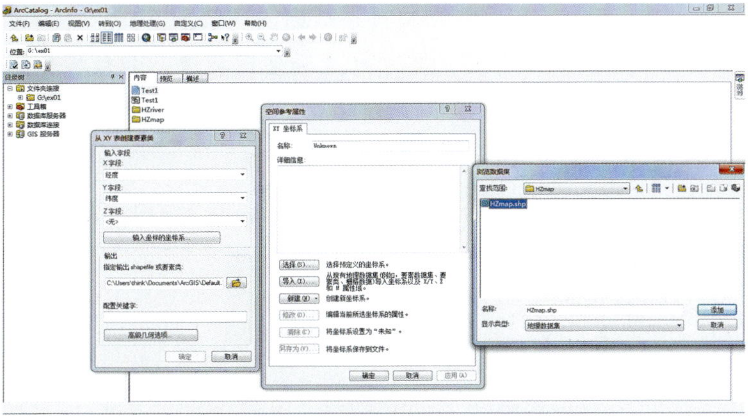

图 2.2　为矢量数据导入坐标系统一

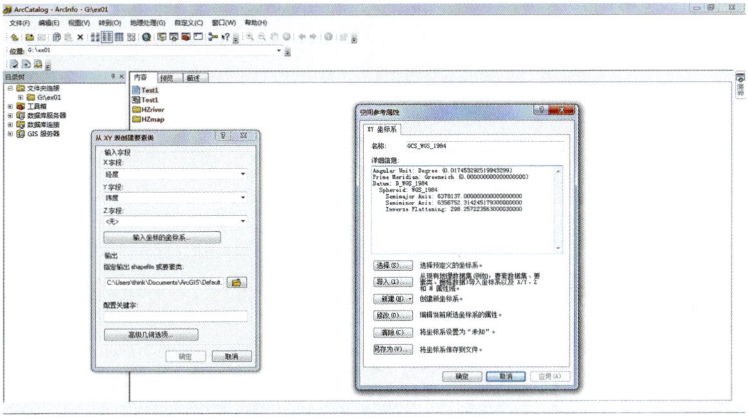

图 2.3　为矢量数据导入坐标系统二

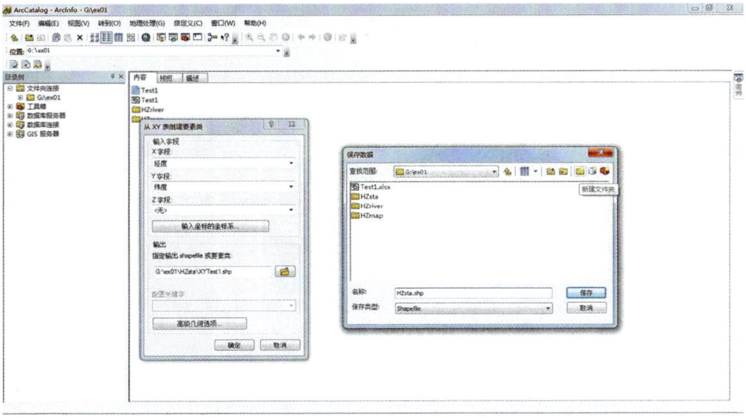

图 2.4　生成 Shapefile 矢量数据

3. 在 ArcMap 中查看站点数据及省界数据的属性表

第一步，启动 ArcMap，添加华中站点和地图数据，具体操作如下。

依次选中**开始**菜单—**所有程序**—**ArcGIS**—**ArcMap 10**—**空白地图**—**确定**（图 2.5）。在应用界面第二行工具栏单击**添加数据**，在弹窗查找范围中找到**文件夹连接**下的 **ex01** 文件夹—分别打开 **HZsta.shp** 和 **HZmap.shp**，若如图 2.6 所示则表示添加数据成功。

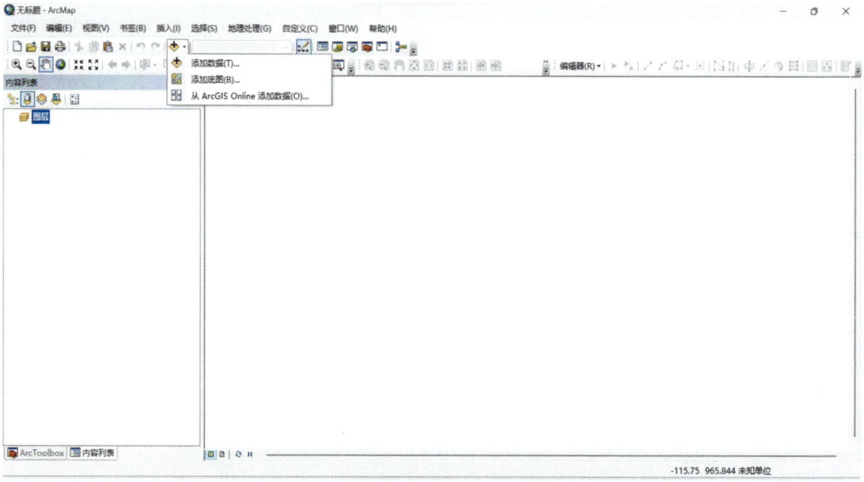

图 2.5　ArcMap 添加数据一

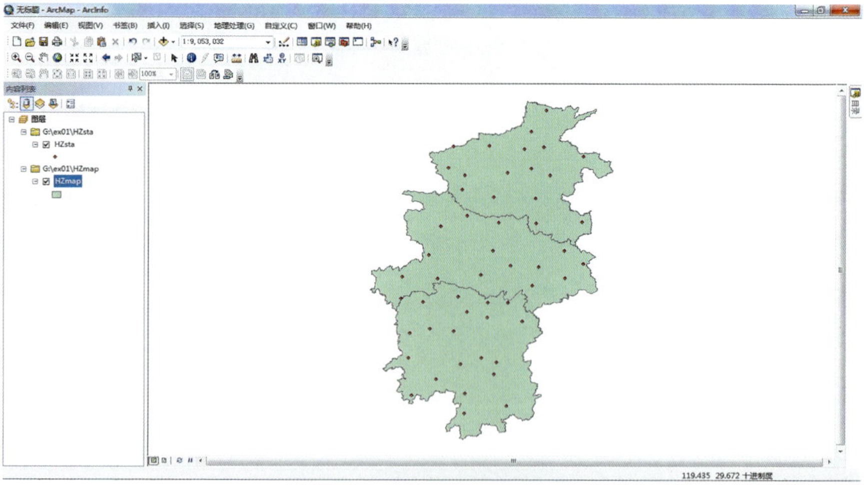

图 2.6　ArcMap 添加数据二

第二步，查看两个数据的属性表，具体操作如下。

在成功添加了华中站点和华中地区省界底图时，可以看到左侧内容窗口有二者所对应的数据文件及路径，表示打开了两个图层，图层名分别为 HZsta 和 HZmap。同时，显示窗口中，站点以点的形式显示，而省界底图以面的形式显示。右击 **HZsta 图层**，在弹窗中选择**打开属性表**，可查看 HZsta 图层的数据信息，同理可以打开 **HZmap 图层的属性表**进行查看，如图 2.7 所示，我们同时打开了两个图层的属性表，在左下角可以单击图层名进行切换。同时，也可以右击**图层**，在弹窗中单击**属性**—选择**源**，来查看数据的坐标系统等信息。

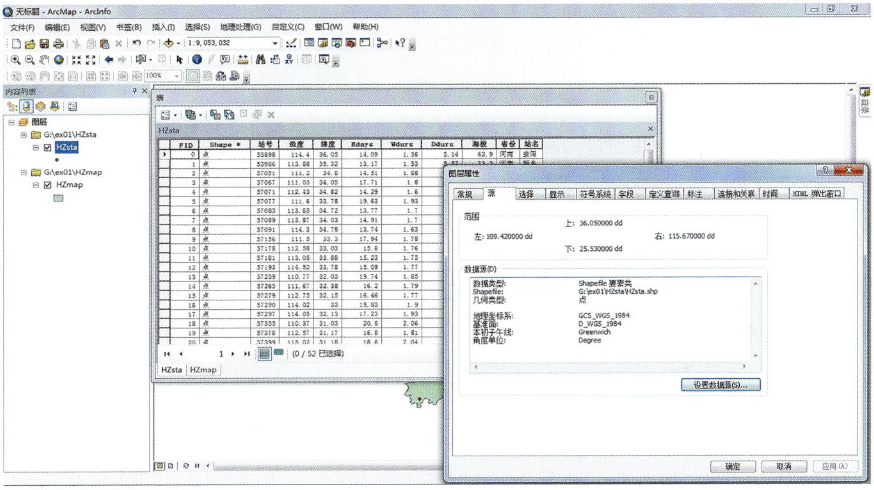

图 2.7　ArcMap 中查看属性表及数据属性

第三步，保存地图文档，具体操作如下。

在查看完数据属性表和属性后，可关闭这两个弹窗，将打开两个数据图层的这一初始状态保存为地图文档，以供后续分析使用。单击左上角**文件—保存**—选择路径为 **ex01** 文件夹，保存类型为 **ArcMap 文档 (*.mxd)**，文件名为 **1.mxd—保存**。这时关闭 ArcMap，检查 **ex01** 文件夹，可发现有名为 1.mxd 的 ArcMap 文档，双击打开可返回到保存前的工作进度。在我们使用 ArcMap 时，应当养成及时保存和备份工作进度的良好习惯。

4. 对矢量数据进行空间查询

在 GIS 中，现实世界中的地理事物和现象被抽象为点、线、面等空间实体。空间实体之间存在着相邻、相交、相离、重合和包含等拓扑空间关系，在此我们通过对矢量数据进行空间查询来对空间实体间的拓扑关系做进一步的认识。

第一步，包含选择查询，具体操作如下。

启动 **ArcMap**，依次添加 **HZsta.shp**、**HZriver.shp 和 HZmap.shp** 三个数据图层（也可以复制一份 **1.mxd** 并改名为 **2.mxd**，双击打开后再添加 **HZriver** 图层）。可以看到，在我们打开的三个图层中，HZsta 中的站点被抽象为一个个点实体，HZriver 中的河流被抽象为线实体，而 HZmap 中的各省份范围被抽象为面实体。

一般而言，包含关系有面包含面、线和点，线包含线和点几种，这里我们考察面对点的包含，即某个省份中包含哪些站点的查询。在主菜单单击**选择—按属性选择**，在弹窗中做如下选择：①**图层**：下拉选择 **HZmap**，方法：下拉选择**创建新选择内容**；②双击项目列表中的 **province**—单击**获取唯一值**—单击 **Like**—双击 **'河南省'**，此时可以看到语句框中出现了 **"province" LIKE '河南省'** 的语句—单击**验证**以查看是否存在语法错误，若弹出“**已成功验证表达式**”则无误（除了上述点击相关按键输入语句的方法外，亦可自行键入 SQL 查询语句，但需注意语法和格式，尤其不能出现中文标点符号，否则验证时会出错）—验证完毕后—单击**应用**，此时可见河南省边界颜色高亮，表示选中—单击**确定**，完成面的选择（图 2.8）。

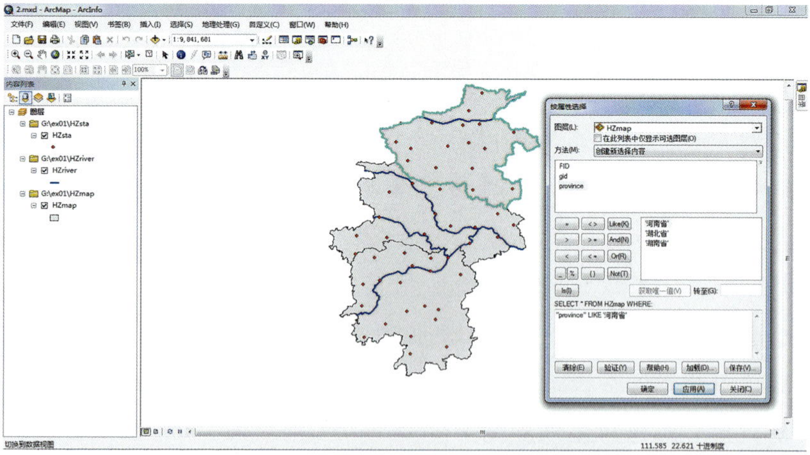

图 2.8　确定用于做包含查询的面要素

接下来，继续单击主菜单**选择—按位置选择**，在弹窗中做如下设置：①**选择方法**：下拉选择**从以下图层中选择要素**；②**目标图层**：勾选 **HZsta**；③**源图层**：下拉选择 **HZmap**，勾选**使用所选要素**；④**空间选择方法**：下拉选择**目标图层要素完全位于源图层要素范围内**—单击**应用**—单击**确定**。此时可见河南省内的站点全部高亮显示，表示完成了面（河南省界范围）包含点（站点）的空间查询（图 2.9）。这时也可打开 **HZsta** 图层的属性表做验证，可以发现属性表中所有河南省的站点均被选中。

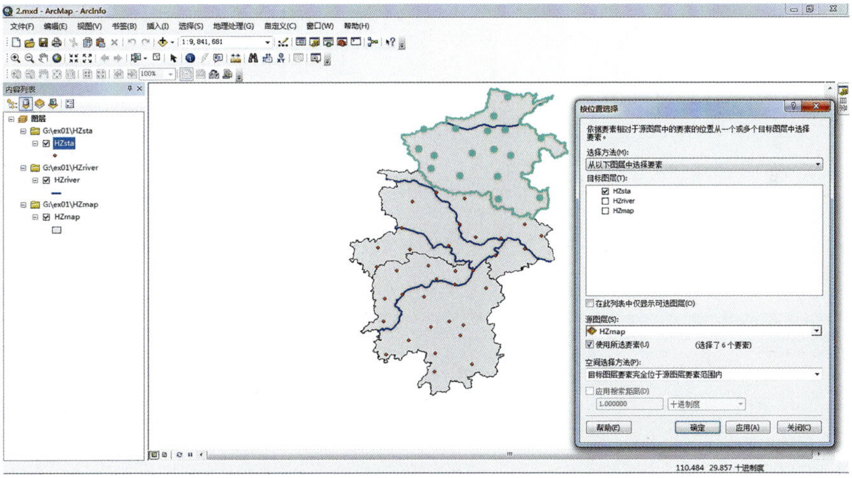

图 2.9　查询包含在河南省内的站点

第二步，相交选择查询，具体操作如下。

相交关系存在于线与线、线与面、面与面之间，这里我们以线和面之间的相交查询为例来认识空间实体间的相交关系。重新启动 **ArcMap**，添加 **HZmap** 和 **HZriver** 两个图层—右击 **HZriver 图层**，在弹窗菜单**选择**项中单击**将此图层设为唯一的可选图层**—单击**工具栏要素选择**按键—按住键盘 Shift 键，选定长江主干流。

接下来单击主菜单**选择—按位置选择**，在弹窗中做如下选择：①**选择方法**：下拉选择**从以下图层中选择要素**；②**目标图层**：勾选 **HZmap**；③**源图层**：下拉选择 **HZriver**，勾选**使用所选要素**；④**空间选择方法**：下拉选择**目标图层要素与源图层要素相交**—单击**应用**—单击**确定**。此时可见湖北和湖南两省边界全部高亮显示，表示完成了线（长江主干流）与面（两湖地区）的空间相交查询（图 2.10 和图 2.11）。

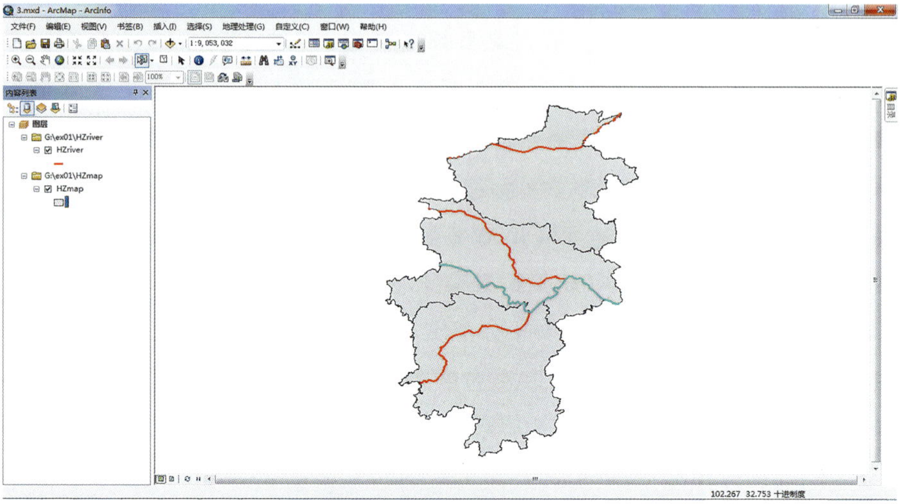

图 2.10 选定长江主干流

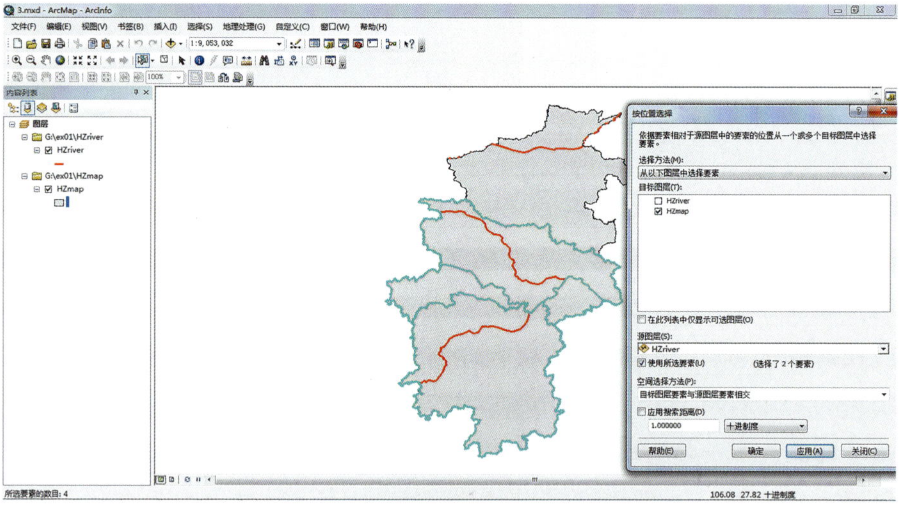

图 2.11 长江主干流流经的华中地区省份

第三步，相邻选择查询，具体操作如下。

相邻关系存在于点与线、点与面、线与线、线与面、面与面之间，这里我们以点和线之间的相邻查询为例来认识空间实体间的相邻关系。重新启动 **ArcMap**，添加 **HZsta**、**HZriver** 和 **HZmap** 三个图层。

右击内容列表中的**图层**，在弹窗中点击**属性**—选择**常规**—**显示**中下拉选择**米**—**确定**。之后在主菜单中单击**选择**—**按位置选择**，在弹窗中做如下设置：①**选择方法**：下拉选择**从以下图层中选择要素**；②**目标图层**：勾选 **HZsta**；③**源图层**：下拉选择 **HZriver**，取消勾选**使用所选要素**；④**空间选择方法**：下拉选择**目标图层要素在源图层要素的某一距离范围内**；⑤勾选**应用搜索距离**，下方**键入 20**，**单位**下拉选择**千米**—单击**应用**—单击**确定**。

此时发现华中地区河流附近的站点高亮显示，表示完成了与线（河流）距离在 20 km 以内的点（站点）的相邻查询（图 2.12）。

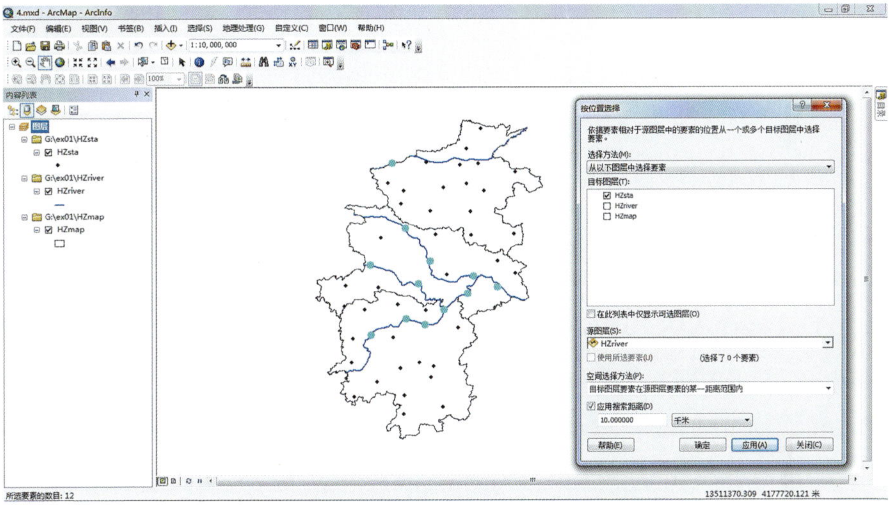

图 2.12　华中地区与河流距离在 20 km 之内的站点

5. 对矢量数据进行空间统计

空间统计将事物的空间位置、分布特征及相互关系作为重要计算对象，同时也兼顾事物的属性，以及属性和位置的关系。ArcGIS 提供了空间分布的测度、空间分布模式及空间聚类等常用的空间统计工具，这里我们仅对站点数据空间分布的测度做简单练习。

第一步，地图文档的初始设置，具体操作如下。

启动 **ArcMap**—**空白地图**—首先双击工具栏中的 **ArcToolbox** 图标，将工具箱调出，之后在主菜单中单击**地理处理**—**环境**，做如下设置：①**当前工作空间**和**临时工作空间**设为 **ex01\temp**；②**输出坐标系**在下拉菜单中选**与输入相同**；③**处理范围**下拉选择**默认**，完成设置后点击**确定**返回（图 2.13）。

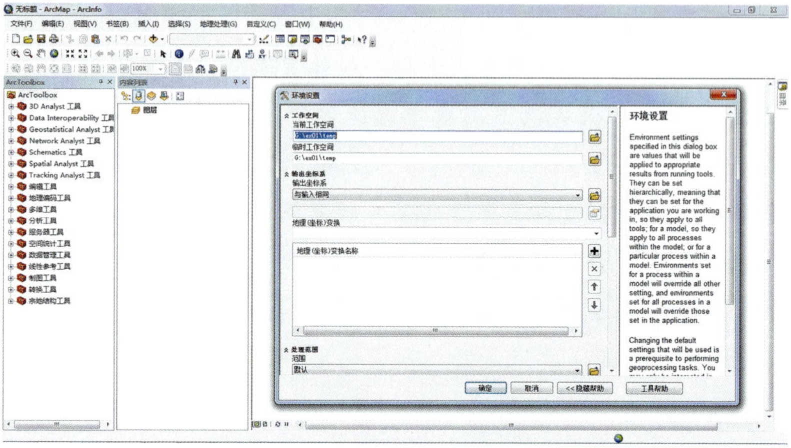

图 2.13　地图文档的初始设置

第二步，在站点要素中提取中心要素，具体操作如下。

首先加载 **HZsta** 图层，在 **ArcToolbox—空间统计工具—度量地理分布**下，双击**中心要素**，在弹窗中做以下设置：①**输入要素类：HZsta**；②**输出要素类**：浏览选择 **temp** 文件夹下，文件名改为 **CF.shp**，类型为**要素类**；③**距离法**：下拉选择 **EUCLIDEAN_DISTANCE**；④其余设置**空白—确定**。运算完成后可看到 ArcMap 自行加载了中心要素 **CF** 图层，我们双击该图层下的点标记，在弹窗中将其改为**实心方块**标记，大小为 **10**，颜色为**红色**（图 2.14）。

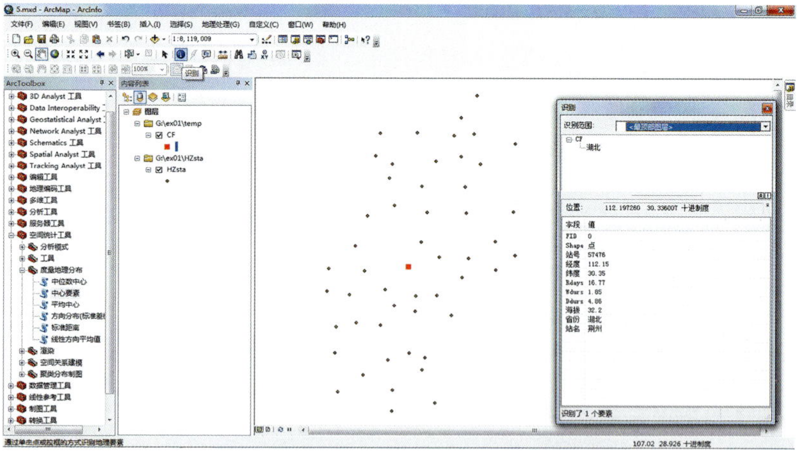

图 2.14　华中地区 52 个站点中的中心要素站点

这时我们再单击工具栏中的**识别**工具，并点击该**中心要素**，可以看到其为湖北的荆州站点。中心要素表示点（线、面）要素群中位置处于最中央的要素，当在权重字段中不做选择时，中心要素通过计算各个站点的空间位置产生，当权重字段选择某一指标时，该指标将作为权重参与计算，此时得到的中心要素会与前者位置存在差别，如图 2.15 所示，我们在第二次计算中心要素时，权重字段选择了**海拔**，得到的结果显示中心要素（HCF）为湖北五峰站，与荆州站并不吻合。

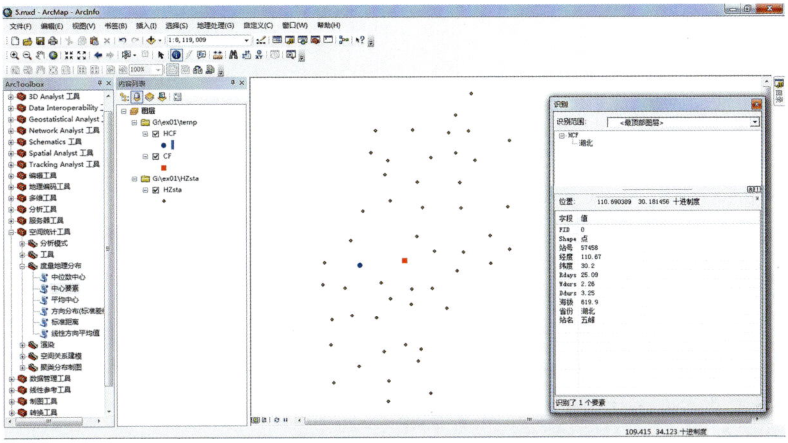

图 2.15　华中地区 52 个站点中的加权中心要素站点

第三步，考察点要素的离散度，具体操作如下。

接上一步，在 **ArcToolbox—空间统计工具—度量地理分布**下，双击**标准距离**，在弹窗中做以下设置：①**输入要素类**：下拉选择 **HZsta**；**输出要素类**：浏览选择 **temp** 文件夹下，文件名改为 **SD.shp**，类型为**要素类**；②**圆大小**：下拉选择 **1_STANDARD_DEVIATION**，即一倍标准差；③其余设置**空白—确定**。运算完成后可看到 ArcMap 自行加载标准距离圆 SD 图层，该圆的半径反映了华中地区站点空间分布的离散程度。

同理，在 **ArcToolbox—空间统计工具—度量地理分布**下，双击**方向分布（标准差椭圆）**，在弹窗中做以下设置：①**输入要素类**：**HZsta**；**输出要素类**：浏览选择 **temp** 文件夹下，文件名改为 **DD.shp**，类型为**要素类**；②**椭圆大小**：下拉选择 **1_STANDARD_DEVIATION**；③其余设置**空白—确定**。运算完成后可看到 ArcMap 自行加载标准差椭圆 DD 图层，该椭圆反映了华中地区站点分布的方向性，其长轴反映了站点空间分布的最大离散方向（图 2.16）。

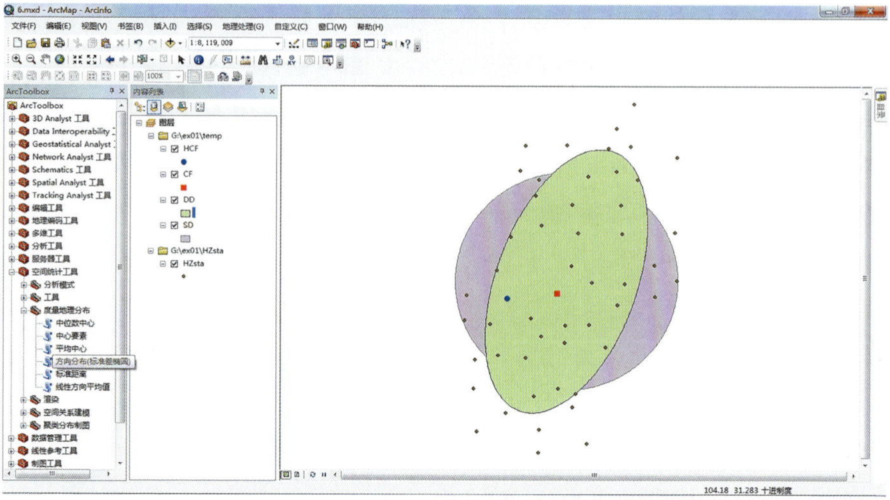

图 2.16　华中地区 52 个站点中的离散度分析

ArcGIS 的空间统计分析中还提供了其他一些分析模块，如空间关系建模、聚类分布制图等，读者可参考其他实践教程自行练习，这里不再赘述。

6. 对矢量数据进行叠置分析

第一步，数据和工具准备，具体操作如下。

ArcGIS 10 中叠置分析有交集取反、擦除、更新、标识、相交、空间连接和联合功能，可在**帮助**中查看其具体用法。这里我们打开 **ArcMap 文档 1.mxd**，单击左上角主菜单中的**文件—另存为**，在弹窗中选定 **ex01** 文件夹，修改其文件名为 **7.mxd—保存**后返回。可以看到当前文档名为 **7.mxd**，内容列表中已添加了 HZsta 和 HZmap 两个图层。接下来在 **ArcToolbox—分析工具—叠加分析**中，右击**空间连接—帮助**，在弹窗中可以看到对该工具的详细描述。概括起来，空间连接可将**连接要素**的**属性**传递到**目标要素**中。

第二步，进行点与面的空间连接，具体操作如下。

在 **ArcToolbox—分析工具—叠加分析**中，双击**空间连接**，在弹窗中做如下设置：①**目标要素**下拉选择 **HZsta**，**连接要素**下拉选择 **HZmap**；②**输出要素类**，浏览选择到 **ex01\temp** 文件夹，保存类型为**要素类**，名称为 **SpatialJion1.shp**；③**连接操作**，下拉选择 **JOIN_ONE_TO_ONE**，并勾选**保留所有目标要素**；④**匹配选项**，下拉选择 **WITHIN**，表示目标要素位于**连接要素**内部—**确定**。ArcMap 在运算完成后自动加载了 SpatialJion1 的图层，其为点状要素图层，位置即为 HZsta 中的各个站点的位置，此时我们可以在内容列表中取消勾选 **HZsta** 图层。

检查 SpatialJion1 的属性表可以看到（图 2.17），每个站点均包含两个省份信息，其中“省份”是 HZsta 中站点数据本身的省份信息，而“province”则是完成空间连接后被传递给每个站点的省份信息。这里我们将面要素（省界）中的要素属性通过空间连接的方式赋予点要素（站点），判断依据为某个站点落入了哪个省的范围之内。

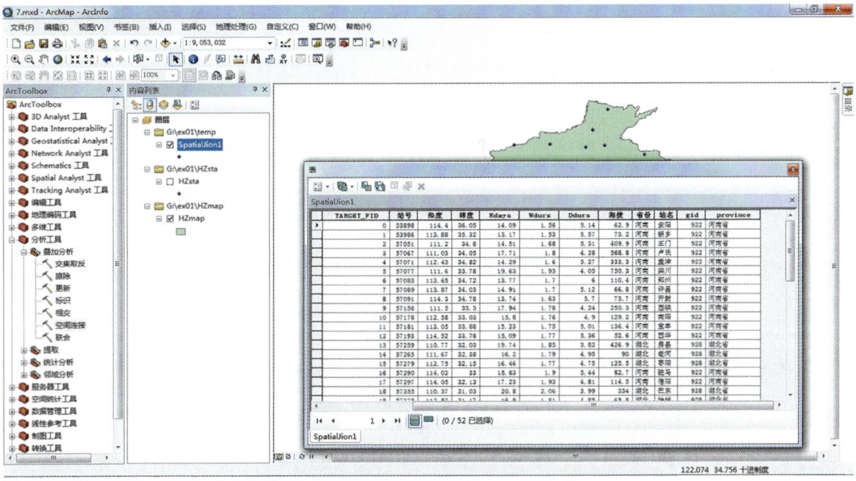

图 2.17　点（目标要素）与面（连接要素）的空间连接

同理，我们也可以以省界范围为目标要素，站点为连接要素进行空间连接。与上述操作在设置上略有不同的是：①**目标要素**下拉选择 **HZmap**，**连接要素**下拉选择 **HZsta**；②**输出要素类**，浏览选择到 **ex01\temp** 文件夹，保存类型为**要素类**，名称为 **SpatialJion2.shp**；③**连接操作**，下拉选择 **JOIN_ONE_TO_MANY**，表示在不止一个连接要素满足与目标要素连接的条件时，输出要素包含全部这些满足条件的连接要素；④**匹配选项**，下拉选择 **CONTAINS**，表示目标要素包含连接要素。按照上述设置完成空间连接，检查输出图层 SpatialJion2 的属性表可以看到其为面状要素，HZsta 中的每个站点都包含在了 SpatialJion2 的面要素之中，此空间连接的判断依据为某个省的范围中包含了哪些站点（图 2.18）。

空间连接功能在泰森多边形计算权重时有重要作用，我们将在第 5 章中做进一步讨论。叠置分析的其他功能读者可参考其他实践教程自行练习。

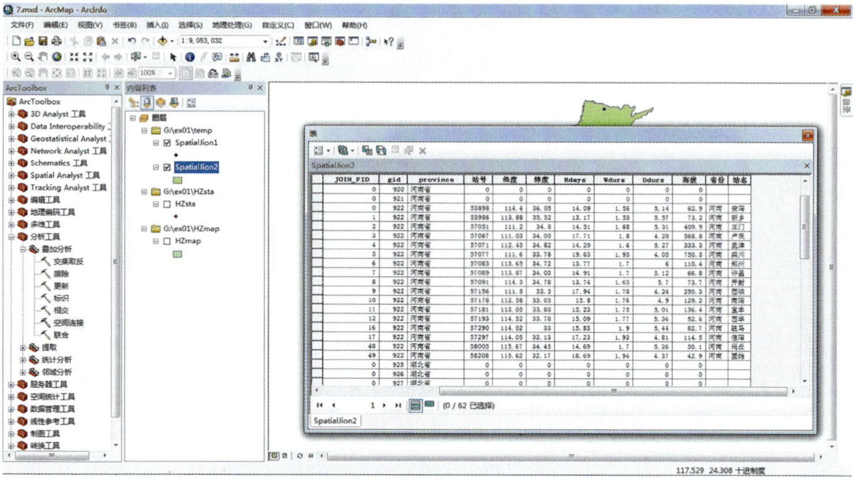

图 2.18　面（目标要素）与点（连接要素）的空间连接

2.2.6　实验后记

本次实践内容全部基于矢量型数据，首先练习了由文本文件生成 Shapefile 矢量数据的方法，接着基于站点、河流和省界三个数据图层练习了点、线、面实体间的空间拓扑关系查询，之后又基于站点数据的位置分布分析了有关其空间分布特征的一些空间统计指标，最后练习了矢量数据叠置分析中的空间连接内容。通过实验 1，希望读者在熟悉 ArcCatalog 和 ArcMap 操作界面的同时，亦能够对矢量数据及 ArcGIS 中矢量数据的基本空间分析方法有一定的认识。

由于单个实验规模大小的限制，这里我们只演示了矢量数据空间分析的部分内容，更多的内容读者可参考宋小冬等（2013）《地理信息系统实践教程》（第三版）。

2.3　实验 2　栅格数据空间分析基础

栅格数据由于其自身数据结构的特点，在数据处理与分析中通常使用线性代数的二维数字矩阵分析法作为数据分析的数学基础，因此，具有自动分析处理较为简单、分析处理模式化很强的特征（汤国安　等，2017）。在做栅格数据的空间分析时，以下一些分析模块较为常用，如栅格数据重采样、栅格数据统计与量算、栅格数据复合分析、聚合聚类分析、追踪分析和窗口分析等。这里通过实验 2 来了解栅格数据的一些较为常用的基础分析方法。

2.3.1　实验目的

（1）熟悉栅格数据的特点。

（2）掌握栅格数据重采样、重分类的方法。

（3）熟悉栅格数据的统计分析、复合分析等基本分析方法。

2.3.2　实验数据

（1）栅格数据：①中国东部地区数字高程模型（DEM）数据；②中国东部地区某时刻归一化植被指数（NDVI）数据，分别存于 ex02 文件夹下的 dem 和 ndvi 文件夹下。

（2）矢量数据：我国华中地区三省省界范围 Shapefile 文件，存于 ex02 文件夹下的 HZmap 文件下。

2.3.3　实验理论基础（汤国安　等，2017）

1. 重采样

重采样是栅格数据空间分析中处理栅格分辨率匹配问题的常用数据处理方法。在进行空间分析时，由于用来分析的数据资料来源不同，经常会出现栅格大小不同的问题，这时为了便于分析，就需要将不同的栅格大小转化为同样栅格大小，这样的一个过程就是栅格数据的重采样过程。常用的栅格数据重采样方法有最邻近采样（NEAREST）、双线性采样（BILINEAR）和三次卷积采样（CUBIC）等。

（1）最邻近采样：用输入栅格数据中最邻近栅格值作为输出值。因此，在重采样后的输出栅格中的每个栅格值，都是输入栅格数据中真实存在而未加任何改变的值。这种方法简单易用，计算量小，重采样的速度最快。

（2）双线性采样：此重采样法取待采样点（x，y）周围四个邻点，在 y 方向（或 x 方向）内插两次，再在 x 方向（或 y 方向）内插一次，得到（x，y）

点的栅格值。

（3）三次卷积采样：这是进一步提高内插精度的一种方法。它的基本思想是增加邻点来获得最佳插值函数。取待计算点周围相邻的 16 个点，与双线性采样类似，可先在某一方向上内插，如先在 x 方向上，每 4 个值依次内插 4 次，再根据 4 次的计算结果在 y 方向上内插，最终得到内插结果。

2. 重分类

重分类即基于原有数值，对原有数值重新进行分类整理，从而得到一组新值并输出。根据用户的不同需求，重分类一般包括 4 种基本分类形式：用一组新值取代原值，将原值重新组合分类，以一种分类体系对原值进行分类，为指定值设置空值。

3. 栅格数据统计与量算

需要了解一组栅格数据的整体特征和态势时，我们通常对其进行统计分析。例如，对于一副 DEM，统计分析其最大高程、最低高程、平均高程及某给定高程出现的频率，就可以对数据有一个整体的了解。统计分析的目的是了解数据分布的趋势，或者通过趋势了解回归拟合出某些空间属性之间的关系，以把握空间属性之间的关系和规律。栅格数据常规的统计分析主要指对数据集合的最大值、最小值、均值、中值、总和、方差、频数、众数、范围等参数进行分析。

空间信息的自动化量算是 GIS 所具有的重要功能，也是进行空间分析的定量化基础。栅格数据模型由于自身的特点很容易进行类似面积和体积等属性的量算。例如在 DEM 上，要计算某种属性地形所占的面积，只需要统计出这种属性地形所占的栅格数乘以其栅格分辨率就可以得到面积；要求某一区域的体积，只需把对应栅格的高程累加即可，计算快捷方便。在工程土方计算、水库库容估计时这种方法经常使用。

4. 栅格数据的复合分析

能够极为便利地进行同地区多层面空间信息的自动复合叠置分析，是栅格数据一个突出的优点。正因为如此，栅格数据常被用来进行区域适应性评价、资源开发利用、规划等多因素分析研究工作。在数字遥感图像处理工作中，利用该方法可以实现不同波段遥感信息的自动合成处理，还可以利用不同时间的数据信息进行某类现象动态变化的分析和预测。

值得注意是，信息的复合分析只是处理地学信息的一种手段，而其中各层面信息关系模式的建立对分析工作的完成及分析质量的优劣具有决定性作用。

2.3.4　实验内容

（1）栅格数据的范围提取和重采样。

（2）栅格数据的单元统计和重分类。

（3）基于地图代数做栅格数据复合分析。

2.3.5　实验步骤

1. 对 NDVI 和 DEM 重采样并提取出华中范围内的数据

第一步，栅格数据处理准备，具体操作如下。

启动 **ArcMap—空白地图**，单击**添加数据**，在弹窗的**查找范围**中下拉选择**文件夹连接**，再单击**连接到文件夹图标**，在弹窗中选定 **ex02** 文件夹。此时可以看到弹窗内容窗口中出现了 ex02 文件夹内的内容，表示操作成功，再分别添加 NDVI 和 DEM 数据。由于有许多栅格数据的空间分析工具都集成在 Spatial Analyst 工具中，因此，需要提前加载该工具。单击主菜单中的**自定义—扩展模块**，勾选 **Spatial Analyst**（图 2.19）。

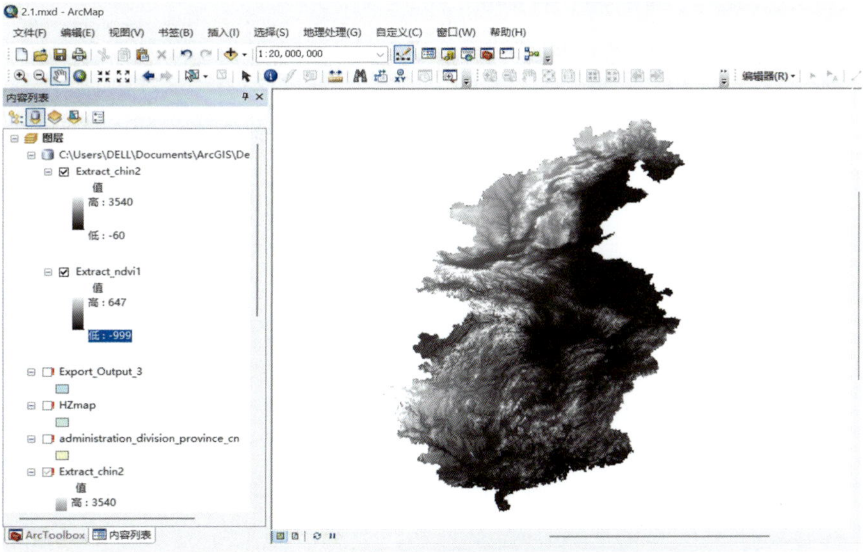

图 2.19　添加我国东部区域 NDVI 和 DEM 数据

第二步，对 NDVI 和 DEM 数据进行重采样，具体操作如下。

接上述操作，我们可以分别双击图层名 ndvi 和 Chinadem，在数据**属性—源**中查看两个数据的基本信息，其中 DEM 数据的像元大小为 0.017°×0.017°，而 NDVI 数据的像元大小为 0.073°×0.073°，可知这两个数据分辨率不同。此时可以采用重采样方法使得两个数据的分辨率统一，以便进行后续处理。

ArcToolbox—数据管理工具—栅格—栅格数据处理，右击**重采样—批处理**，在弹窗中单击**加号**按键（即添加行功能），双击弹窗最左侧标号为 **1** 的按键，在弹窗中做如下设置：①**输入栅格**浏览选择 **Chinadem**，**输出栅格要素集**浏览选择 **ex02** 下的 **Rdem** 文件夹下（需新建文件夹并改名），**名称**键入 **Rdem**；②**输出像元大小**键入 **0.1**，**重采样技术**可任选，这里选择了 **BILINEAR**，单击**确定**，接下来双击标号为 **2** 的按键做上述相似的设置，只不过将 DEM 改为 NDVI，设置完成后单击**确定**返回到重采样批处理弹窗，检查两个批处理图层的设置无误后单击**确定**进入数据处理（这里有 NDVI 和 DEM 两个数据待进行重采样，因此，采用批处理的方式更为快捷，读者也可按常规的处理方式操作两次，两种途径得到的结果不会存在差别）（图 2.20）。

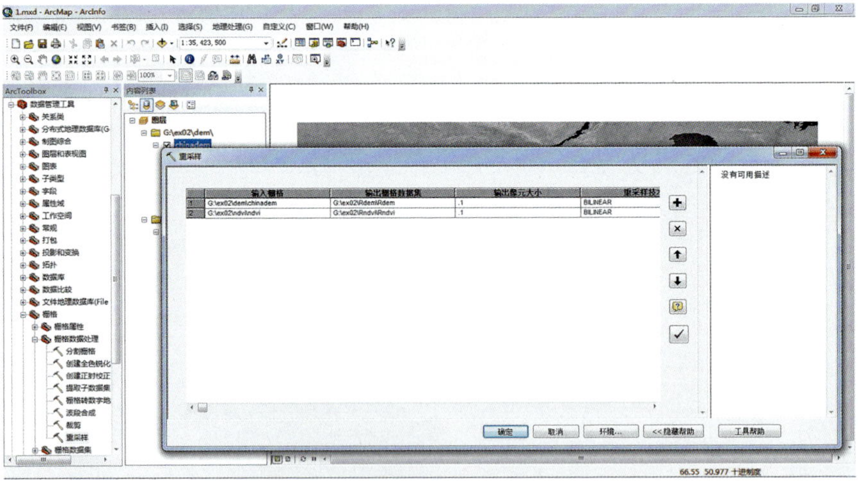

图 2.20　栅格数据重采样批处理

ArcMap 在处理完成后会自动添加 Rndvi 和 Rdem 两个图层，这时可在两个图层的属性中检查像元大小是否一致，若一致则表示重采样批处理成功，接下来移出原 ndvi 和 Chinadem 图层（内容列表中右击图层名，单击**移除**），并保存 ArcMap 文档进入下一步。

第三步，提取华中范围的 NDVI 和 DEM 数据，具体操作如下。

接上步，添加 HZmap 图层，此时文档中共打开 Rndvi、Rdem 和 HZmap 三个图层，其中 Rndvi 和 Rdem 为待提取图层。在 **ArcToolbox—Spatial Analyst 工具—提取分析**下，双击**按掩膜提取**，在弹窗中做如下设置：①**输入栅格**浏览选择 **Rndvi**，**输入栅格数据或要素掩膜数据**浏览选择 **HZmap**；②**输出栅格**路径浏览选择 **ex02** 下的 **HZndvi** 文件夹下（需新建文件夹并改名），**名称**键入 **HZndvi**，单击**确定**。

处理完成后，ArcMap 自动添加 HZndvi 图层，接下来提取 DEM 数据。继续在 **ArcToolbox—Spatial Analyst 工具—提取分析**下双击**按掩膜提取**，在弹窗中做如下设置：①**输入栅格**浏览选择 **Rdem**，**输入栅格数据或要素掩膜数据**浏览选择 **HZndvi**（注意，此处使用刚提取出的栅格文件 HZndvi 作为掩膜而不使用上步中的 HZmap 作为掩膜）；②**输出栅格**路径浏览选择 **ex02** 下的 **HZdem** 文件夹下（需新建文件夹并改名），**名称**键入 **HZdem**—单击**确定**（图 2.21）。

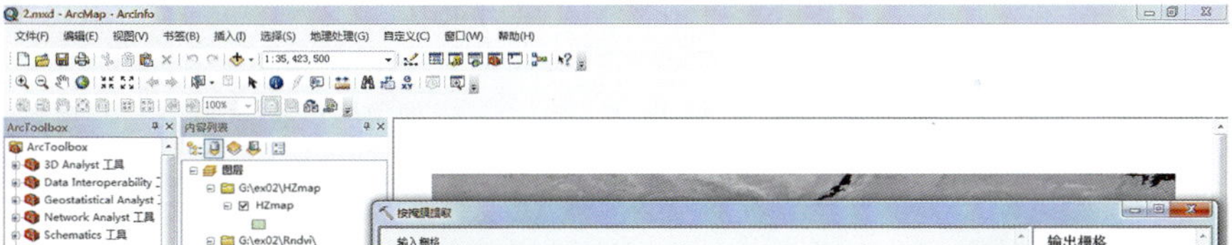

图 2.21　提取华中范围 NDVI 重采样数据

处理完成后 ArcMap 又自动添加 HZdem 图层，我们对比 HZdem 和 HZndvi 图层属性，发现二者的行列数一致，表示上述重采样和提取分析过程成功完成。此时我们移除原 Rndvi、Rdem 和 HZmap 三个图层后可以看到华中范围的 NDVI 数据和 DEM 数据，再点击工具栏中的**全图**按键放大并居中数据图像

（图 2.22）。

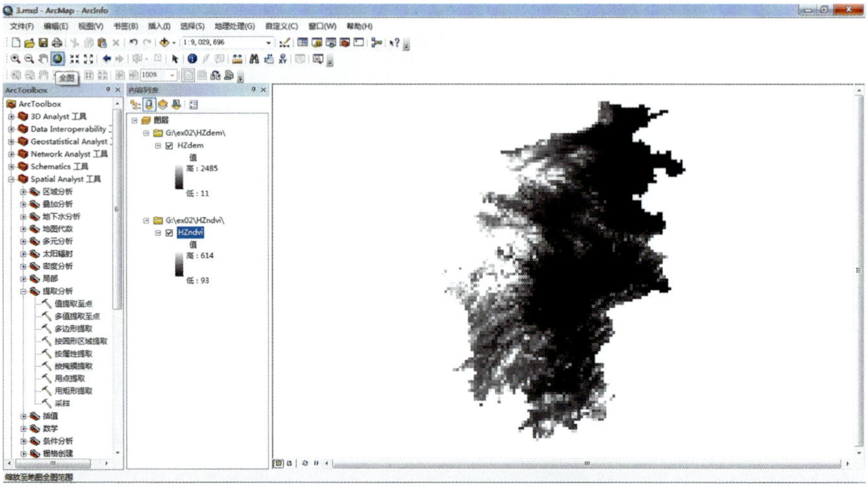

图 2.22　提取出的华中范围 NDVI 和 DEM 数据

注意，在两次按掩膜提取中，分别以华中地区的边界范围和华中地区栅格要素作为了掩膜范围，说明矢量数据和栅格数据均可以作为提取分析中的掩膜，此工具在提取某市、某省或某一区域的栅格数据时较为适用。除此之外，栅格数据的提取分析中还有**用矩形提取**、**按圆形区域提取**等方式，工具意义较为明确、操作亦不复杂，读者们可结合工具说明自行练习。

2. 栅格数据的统计分析

在实际应用中为了比较或综合考察一组栅格数据的基本特征，如考察一组包含多个时刻数据的某气象要素的统计特征，抑或对比分析几个气象要素的差异时，均可以使用单元统计功能。单元统计只在同一位置上的像元之间进行运算，可给出单个像元在一组数据中的总和、最值、均值、中位数、众数及标准差等基本统计量。ArcMap 中可在 **ArcToolbox—Spatial Analyst 工具—局部**下调出**像元统计数据**功能。

这里通过对 HZndvi 和 HZdem 两个图层数据求和及求平均来演示该工具的用法。求和时，在工具箱中找到**像元统计数据**并双击，在弹窗中**输入栅格数据或常量值**分别浏览添加 **HZndvi** 和 **HZdem** 两个图层，成功添加后可见二者显示在了下方列表之中；**输出栅格**浏览选择在 **ex02** 下的 **result** 文件夹下（需新建文件夹并改名），**名称**键入 **sum** 后**保存**返回；**叠加统计**选择求和工具

SUM，并勾选**在计算中忽略 NoData**（即缺测值不参与计算），完成设置后单击**确定**（图 2.23）。

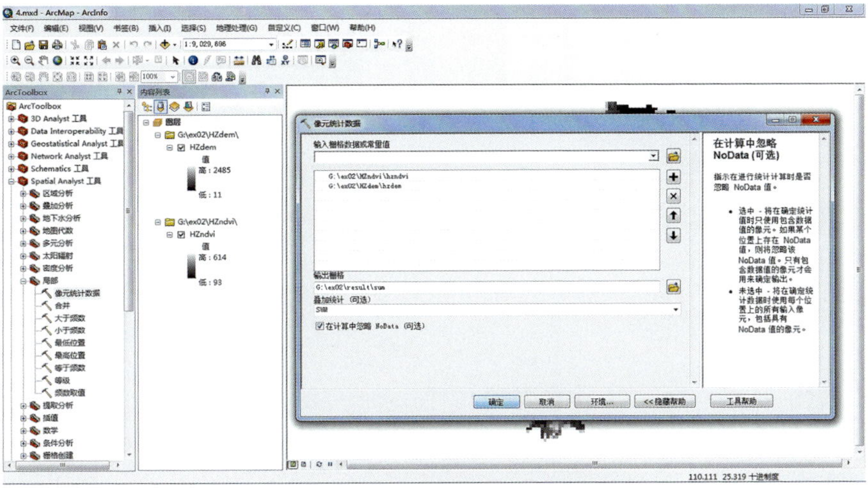

图 2.23　像元统计功能做求和运算

计算完成后得到图层 sum，即为 HZndvi 和 HZdem 两个图层中数据在各个格点上相加的结果。同理还可计算两个数据的均值，只需在设置中将**叠加统计**更改为求平均 **mean** 并更改**输出栅格**名称即可。

完成上述操作，可看到 ArcMap 将求和结果 sum 和求平均结果 mean 两个图层添加进了文档之中，读者可通过属性识别工具单击输入图层和结果图层的同一个像元来做验证。单元统计的其他功能读者可自行练习。

3. 栅格数据重分类

简而言之，栅格数据重分类存在新值替代、旧值合并、重新分类及空值设置四种基本方式。在实际工作中，常常根据不同的需要而选用不同的处理方式。在上述分析中读者容易发现 HZndvi 和 HZdem 数据的取值范围存在一定的差别，此时我们可以采用数据重分类方法对两个数据进行处理。

接上一步，移除 sum 和 mean 图层，保留下 HZdem 和 HZndvi 两个图层。在 **ArcToolbox—Spatial Analyst 工具—重分类**下双击**重分类**可进入其设置页面，**输入栅格**下拉选择 **HZdem**；**重分类字段**下拉选择 **VALUE**；**重分类**数据映射窗口中可以看到**旧值**和**新值**两列，**旧值**代表数据原始值，**新值**为更改后的新值预览。这里使用重新分类方式，点击窗口右侧的**分类**，在分类弹窗中

方法下拉选择**自然间断点分级法**，**类别**选 **9** 后单击**确定**返回；在**输出栅格**中浏览选择到 **ex02** 下的 **result** 文件夹下，**名称**键入 **Cldem** 后**保存**返回，单击**确定**（图 2.24）。

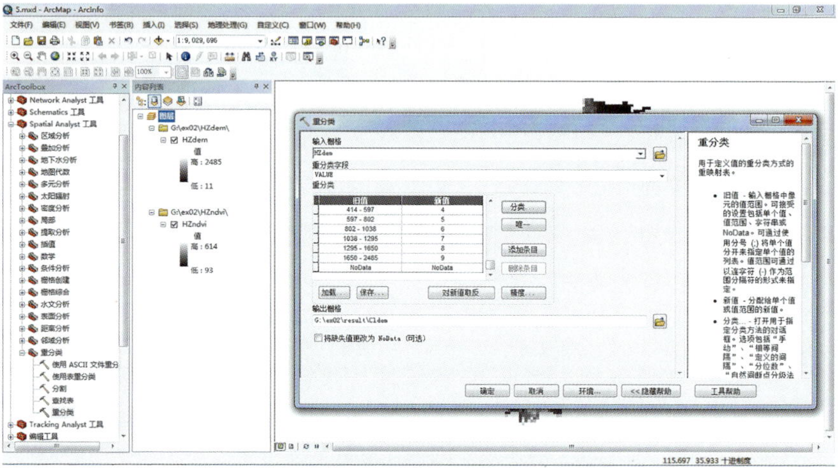

图 2.24　对华中地区 DEM 数据进行重新分类

ArcMap 运算完成后添加 Cldem 图层，可看到其值的范围为 **1～9**，表示对目标栅格数据重新分类成功。在实际工作中，有时会遇到数据中存在明显离群值的情况，这时可采用空值设置的方式去除离群值。这里对 HZndvi 数据做重新分类及设置空值的处理。双击**重分类**进入设置界面，**输入栅格**浏览选择 **HZndvi**；**重分类字段**下拉选择 **VALUE**；单击**分类**，**方法**下拉选择**自然间断点分级法**，**类别**选 **10** 后单击**确定**，再在映射栏中倒数第二行，**新值**处键入 **NoData**；在**输出栅格**中浏览选择到 **ex02** 下的 **result** 文件夹下，**名称**键入 **Clndvi** 后**保存**返回；不勾选**将缺失值更改为 NoData 值**，单击**确定**（图 2.25）。

通过上述设置，完成了对 ndvi 数据的重新分类及空值设置操作，在结果中可以对比原数据 HZndvi 与重分类后的数据 Clndvi，发现在 Clndvi 图层值域范围为 1～9，其分布形势与 HZndvi 较为类似，且数据中存在部分格点为空值的情况，即成功将源数据中数值最大的一级设置为空值。

4. 栅格数据的复合分析

栅格数据的复合分析通过矩阵的运算完成，ArcMap 中提供了满足栅格数据矩阵运算的地图代数功能，其可进行矩阵算术运算、关系运算、函数运算

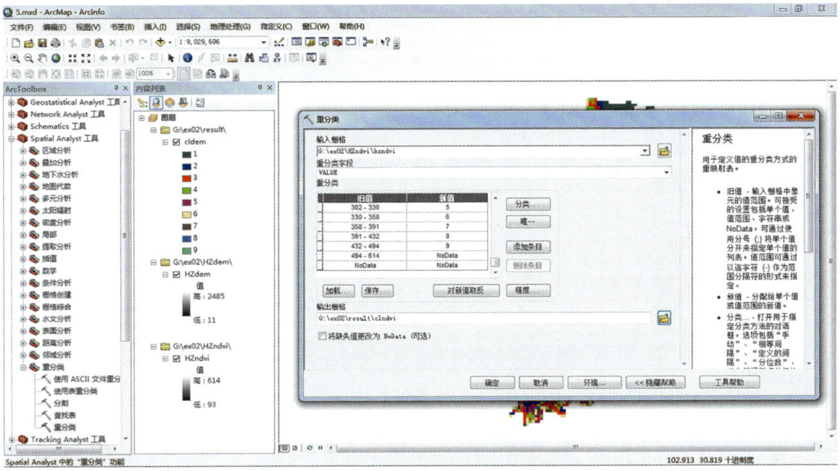

图 2.25　对华中地区 NDVI 数据进行重新分类及空值设置

及布尔运算。在本实验统计分析部分中，已使用单元统计计算出了两个图层的和值及均值，这里使用地图代数的方法做运算来验证上述结果。

在 **ArcToolbox—Spatial Analyst 工具—地图代数**下双击**栅格计算器**，可通过双击面板上的图层和运算符的方式写出运算语句，这里先写出求和语句，即 **"HZdem" + "HZndvi"**，在**输出栅格**中浏览选择到 **ex02** 下的 **result** 文件夹下，**名称**键入 **Tsum—保存—确定**（图 2.26）。同样的方法还可以计算两个图层的均值，即公式键入 **("HZdem" + "HZndvi") / 2.0**，保存栅格名为 **Tmean**。

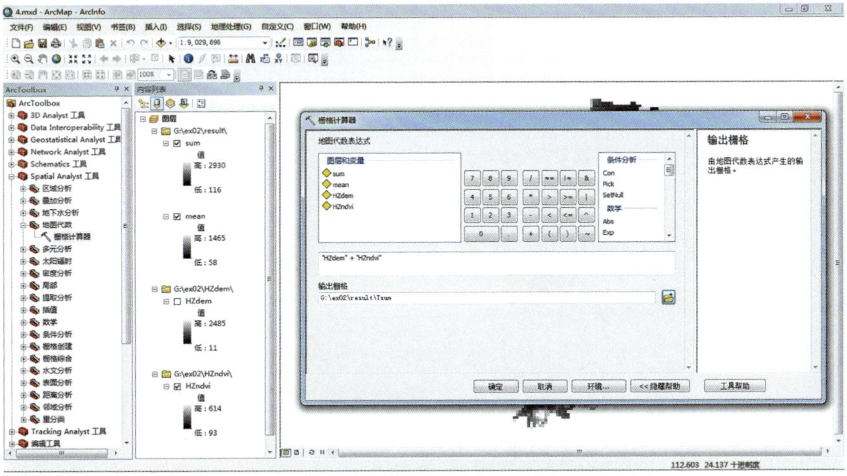

图 2.26　使用栅格计算器做数据求和运算

在运算完成后，可查看 Tsum（Tmean）和 sum（mean）图层数据的值域范围及分布形式是否一致，并使用属性识别工具验证同一像元上的数值是否相同。若均无差别，则代表运算无误。地图代数是做栅格数据分析重要的工具，其使用方便、应用广泛，是做气候资源区划及灾害风险评估中必不可少的工具。

2.3.6 实验后记

实验 2 内容主要基于栅格数据，涉及栅格数据的提取分析、重采样、重分类、单元统计及地图代数等内容。通过对比实验 1 可以看出，相较于矢量数据而言，栅格数据的空间分析相对快捷简便一些，一些针对栅格数据的分析工具的意义也较为清晰明了、易于掌握，这与栅格数据本身的特点有关。由于不同的学科与 GIS 的结合点的差异，以及 GIS 空间分析的范畴广博，这里涉及的栅格数据基本分析工具也只包含了部分内容，对于更多的关于栅格数据的空间分析内容，读者可参考其他一些实践教程。

通过实验 1 和实验 2，读者亦应当对 ArcCatalog 和 ArcMap 的操作界面有了一定的熟悉，对文件夹的连接与断开、ArcMap 文档的打开与保存、数据图层的添加与移除，以及 ArcToolbox 工具箱中分析工具调用等较为基础且使用频繁的软件操作应当有了一定的熟练度。

第3章 站点数据信息可视化

3.1 气象数据可视化

地理空间信息要被计算机所接受处理就必须转换为数字信息存入计算机中。这些数字信息对于计算机来说是可识别的，但对于人的肉眼来说是不可识别的，必须将这些数字信息转换为人可识别的地图图形才具有实用的价值。这一转换过程即为地理信息的可视化过程，其内容表现在如下几个方面（汤国安 等，2017）。

（1）地图数据的可视化表示：其最基本的含义是地图数据的屏幕显示。我们可以根据数字地图数据分类、分级特点，选择相应的视觉变量（如形状、尺寸、颜色等），制作全要素或分要素表示的可阅读的地图，如屏幕地图、纸质地图或印刷胶片等。

（2）地理信息的可视化表示：这是利用各种数学模型，把各类统计数据、实验数据、观察数据、地理调查资料等进行分级处理，然后选择适当的视觉变量以专题地图的形式表示出来，如分级统计图、分区统计图、直方图等。这种类型的可视化正体现了科学计算可视化的初始含义。

（3）空间分析结果的可视化表示：地理信息系统的一个很重要的功能就是空间分析，包括网络分析、缓冲区分析、叠加分析等，分析的结果往往以专题地图的形式来描述。

利用 ArcGIS 强大的空间分析和制图功能，可将不同类型的气象数据及其空间分析结果进行可视化表示，这里我们以实验 3 为例，介绍几种气象中常用的站点空间分布图的绘制方法。

3.2 实验 3 站点数据可视化

3.2.1 实验目的

（1）熟悉矢量数据属性表的操作。

（2）掌握站点数据空间分布图的绘制流程。

（3）熟悉地形图的绘制流程。

3.2.2 实验数据

（1）站点数据：我国东部地区 249 个站点降水持续性指标，存于 ex03 文件夹下名为 Test3 的 Excel 表格中。各项数据按列存放，包含站号、经度、纬度、Adur、Wdurs、Ddurs、海拔、省份和站名共 9 项。其中，Wdurs、Ddurs 和 Adur 分别为气候平均的连续有雨时段平均连续天数、无雨时段平均连续天数和两个时段的总持续天数。

（2）矢量数据：中国省（区、市）界范围 Shapefile 文件，存于 ex03\province 下。

（3）地形数据：中国地区数字高程模型数据，存于 ex03\dem 下。

3.2.3 实验理论基础

1. 分级符号（汤国安 等，2017）

地图数据的符号化指的是将已处理好的矢量地图数据恢复成连续图形，并附之以不同符号表示的过程。符号化的原则是按实际形状确定地图符号的基本形状，以符号的颜色或者形状区分事物的性质，如用点符号表示站点位置、线符号表示河流、面符号表示省（区、市）界或流域范围。

一般来说，符号化方法可分为单一符号、分类符号、分级色彩、分级符号、比率符号、点值符号、统计符号等。

单一符号：所谓单一符号设置，就是采用大小、形状、颜色都统一的点状、线状或者面状符号来表达制图要素。这种符号设置方法忽略了要素在数量、大小等方面的差异，只能反映制图要素的地理位置而不能反映要素的定量差异，然而正是由于这种特点，在表达制图要素的地理位置时具有一定的优势。

分类符号：根据数据要素属性值来设置地图符号的方式是分类符号表示方法，将具有相同属性值和不同属性值的要素分开，属性值相同的采用相同的符号，属性值不同的采用不同的符号，利用不同形状、大小、颜色、图案的符号来表达不同的要素。这种分类的表示方法能够反映出地图要素的数量或者质量的差异，对地理信息的决策作用提供了支持。

分级色彩：所谓分级色彩表示方法就是将要素属性数值按照一定的分级方法分成若干级别之后，用不同的颜色来表示不同级别。每个级别用来表示数值的一个范围，从而可以明确反映制图要素的定量差异。色彩选择和分级方案是分级色彩表示方法中的重要环节，因为颜色的选择和分级的设置取决于制图要素的特征，只有合理的配色方案和科学的分级方法才能将地图中要素的宏观分布规律体现得清晰明确。这种方法多用于人口密度分布图、粮食产量分布图等。

分级符号：与分级色彩设置有所相似，分级符号设置就是采用不同的符号来表示不同级别的要素属性数值。符号形状取决于制图要素的特征，而符号的大小取决于分级数值的大小或者级别高低。这种表示方法一般用于表示点状或者线状要素，多用于人口分级图、道路分级图等。它的优点是可以直观地表达制图要素的数值差异，其中，制图要素分级和分级符号表示是关键的环节。

比率符号：在分级符号表示方法中，属性数据被分为若干级别，在数值处于某一级别范围内的时候，符号表示都是一样的，体现不出同一级别不同要素之间的数量差异，而比率符号表示方法是按照一定的比率关系，来确定与制图要素属性数值对应的符号大小，一个属性数值就对应了一个符号大小，这种一一对应的关系使得符号设置表现得更细致，不仅反映不同级别的差异，也能反映同级别之间微小的差异。但是，如果属性数值过大，则不适合采用此种方法，因为比率符号过大会严重影响地图的整体视觉效果。

点值符号：所谓点值符号表示法，就是使用一定大小的点状符号来表示一定数量的制图要素，表现出一个区域范围内的密度数值，数值较大的区域点较多，数值较小的区域点较少。这是一种用点的密度来表现要素空间分布的方法。

统计符号：这是专题地图中经常应用的一类符号，用于表示制图要素的多项属性。常用的统计图有饼状图、柱状图、累计柱状图等。饼状图主要用于表示制图要素的整体属性与组成部分之间的比例关系，柱状图常用于表示制图要素的两项可比较的属性或者是变化趋势，累计柱状图既可以表示相互关系与比例，也可以表示相互比较与趋势。

以上方法均为矢量数据的符号化方法，此外，还有栅格图形符号化方法，由于专题栅格数据是栅格数据中的一种重要类型，如栅格类型的植被覆盖图、土地利用图、湿度与温度分布图等。如何显示栅格文件依赖于它所包含的数据类型，以及用户的需要，ArcMap 可以自动选择合适的方法，用户也可以根据需求来调整它。

2. 数据分级（汤国安，2019）

上述符号化方法中，分级色彩和分级符号都需要将属性数据按照一定的方法分成不同的级别，而分级方法的不同会导致分级结果的不同，其所反映出的信息必然也会有所差别。因此，我们需要对 ArcGIS 中提供的一些常用数据分级方法有所认识，以便在处理实际问题时选择合适的分级方法。

数据分级是按照一定的方法或标准把数据分成不同的级别，即把一个数据集划分成不同的子集，在此过程中还可以设置分级精度和分级数目等。数据分级之后，仅使原来的数据重新归类，数据的属性没有发生改变。分级的根本目的在于区分数据集中个体的差别，分级统计的过程就是区别个体性质的过程。分级的应用目的有两点：一是为了分级后，图面制图效果好，有利于用户读图；二是用不同的分级方法突出数据差异特征。分级方法的种类上，按确定级差的方法可分为自定义分级法和模式分级法两类。

自定义分级法：即对一个数据集，根据自己的应用目的设定各个级别的数值范围来实现分级的方法，需要研究者对数据比较了解，能够找到合适的分级临界点，有主观因素包含其中。

模式分级法：按照固定的模式进行分级，在固定模式中，级差由特定的算法自动设定。具体有等间距分级、分位数分级、等面积分级、标准差分级和自然分裂点法分级等。

（1）等间距分级：这是一种最简单的分级方法，即按照某个恒定的间隔进行分级，间距由极差除以分级数得到。

（2）分位数分级：把数列划分成需要的个数的分段，如 10 分位、20 分位、30 分位等。即先对数据进行排序，从一端开始计算分位数，把处在分位数上的那个值作为分级值。

（3）等面积分级：对矢量数据而言，对每个多边形都可以求出其面积，将面积的值按从小到大的顺序排列并累加，把累加的面积分成相等的几段，作为分级范围。这样每个级别中包含的样本数目虽然不同，但总面积基本一致。

（4）标准差分级：要求数据符合正态分布。先计算数据均值及标准差，再根据数据波动情况划分等级。以算术平均值作为中间级别的一个分界点，通过加减标准差倍数划分其余分界点。

（5）自然分裂点法分级：任何统计数列都存在一些自然转折点、特征点，用这些点可以把研究对象分成性质相似的组群，因此，裂点本身就是良好的界限。自然分裂点法分级基本上是基于让各级别类的变异总和达到最小的原则来选择分级断点的。

3.2.4 实验内容

（1）绘制京津冀地区站点海拔高度分级图。

（2）绘制京津冀地区站点降水持续特征统计图。

（3）绘制京津冀地区地形概况图。

3.2.5 实验步骤

1. 数据预处理

第一步，生成站点数据的 Shapefile 文件。

首先，打开 **ex03** 文件夹下的 Excel 文件，选中经度、纬度、Adur、Wdurs、Ddurs 和海拔六列数据（不包含首行表头），右键—**设置单元格格式**，在弹出的对话框中依次选择**数字—数值—小数位数：2，负数：-1234.10—确定**。接下来单击表格左上角**文件—导出—更改文件类型**，选中**文本文件（制表符分隔 *.txt）—另存为 ex03** 路径下 **Test3.txt**（在后续的弹窗中均选是）—**关闭 Excel。**

其次，在 ArcCatalog 中连接 **ex03** 文件夹，并断开 **ex01** 和 **ex02** 两个文件夹的连接。成功后，定位到 **ex03** 文件夹，右键单击 **Test3.txt**—**创建要素类**—**从 *XY* 表**，在弹窗的选项中分别做如下选择：① ***X* 字段**：下拉选择**经度**；***Y* 字段**：下拉选择**纬度**；②**输入坐标的坐标系**—在弹窗中选**导入**—选择 **ex03\province** 文件夹下的 **province.shp**—单击**添加**—单击**应用**—单击**确定**返回；③在**输出**项中**浏览**选择 **ex03** 下的 **east** 文件夹（需新建文件夹并改名）—在**保存类型**项的下拉菜单中选中 **shapefile**—将**名称**改为 **east.shp**—点击**保存**返回—最后单击**确定**。检查文件生成无误后关闭 ArcCatalog。

第二步，提取京津冀地区的站点、省（市）界底图以及 DEM 数据。

启动 ArcMap，添加 **ex03** 文件夹中的站点数据 east.shp、province.shp 及栅格文件 Chinadem 三个图层，**双击**内容列表中 province 图层下的**面状要素符号**，在弹窗中选择**中空样式**，此时可以看到站点、省（市）界和 DEM 数据均为我国大陆东部地区范围（图 3.1）。

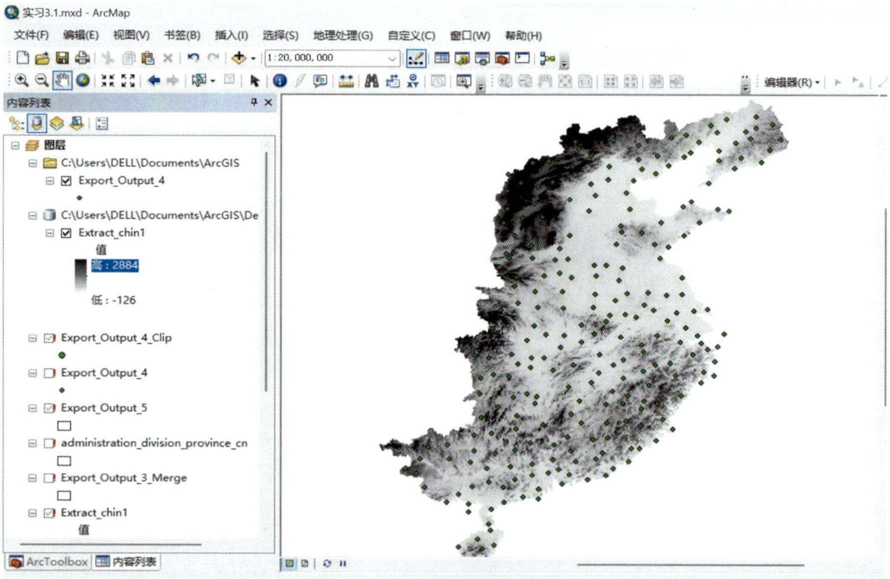

图 3.1 添加实验初始数据

首先提取京津冀地区站点。右击内容列表中的 **east 图层**—单击**打开属性表**—单击**按属性选择**功能，在弹窗中做以下设置：①**方法**，下拉选择**创建新选择内容**；在数据项目列表窗口中双击**省份**后，单击**获取唯一值**；②在语句输入窗口通过单、双击选择的输入（或键盘输入）方式输入以下语句 **"省份" LIKE '北京' OR "省份" LIKE '天津' OR "省份" LIKE '河北'**，**验证**无误后，单击**确定**返回。这时可看到显示窗口（属性表中）中三个省（市）的站点（记录）已被选中（图 3.2 和图 3.3）。接下来，关闭属性表，右键 **east** 图层—单击**数据**—**导出数据**，在弹窗中设置：**导出**，下拉选择**所选要素**；**使用与以下选项相同的坐标系**，选中**此图层的源数据**；**输出要素类**，**浏览**选择

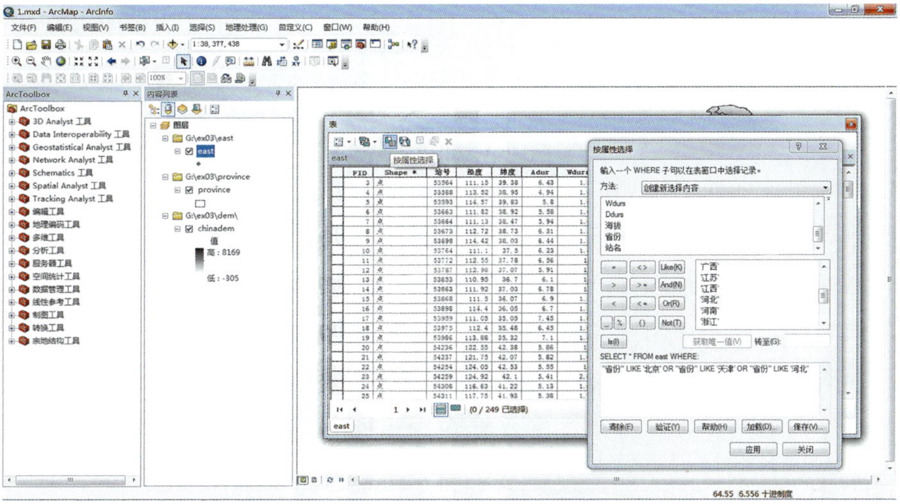

图 3.2　打开属性表中的按属性选择功能

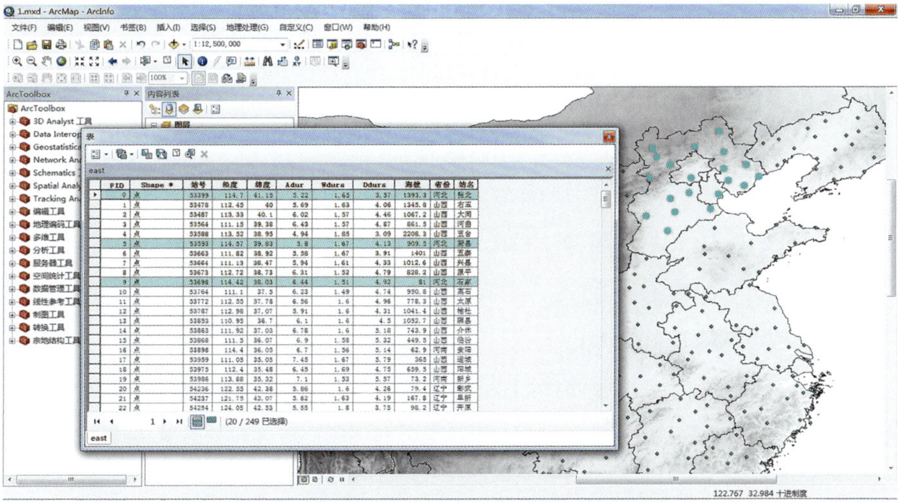

图 3.3　在图层属性表中选择京津冀站点要素成功

ex03\JJJsta 文件夹下（需新建文件夹并改名），**保存类型**为 **shapefile**，**名称**改为 **JJJsta.shp**—点击**保存**返回—单击**确定**。

ArcMap 导出数据后，在弹窗**是否要将导出的数据添加到地图图层中**，选中**是**，可将提取出的京津冀站点图层添加。此时移除原站点数据 east 图层后可见 JJJsta 图层只包含京津冀地区站点（图 3.4），表示上述站点提取操作成功。

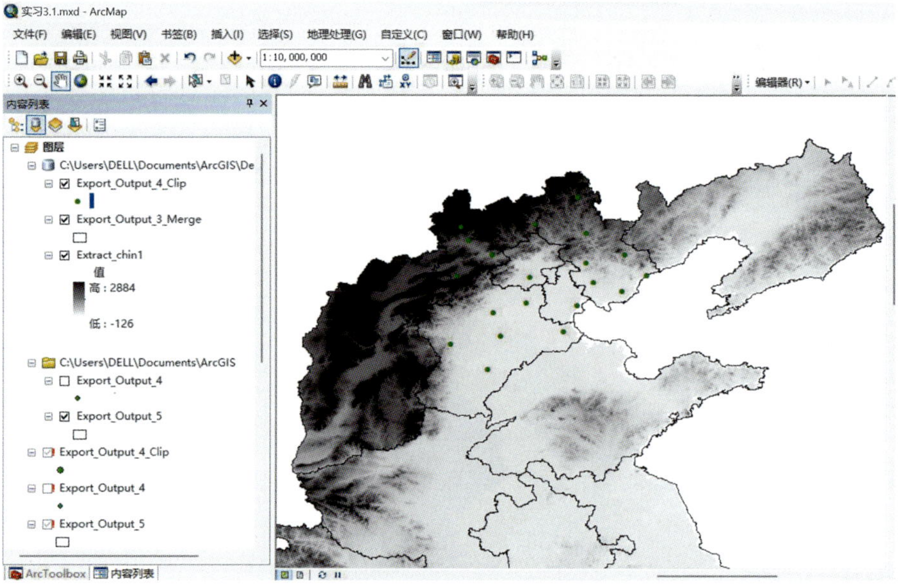

图 3.4　基于属性表成功提取出京津冀站点

其次，提取京津冀地区省（市）界。采用与以上类似的操作，可以将京津冀地区的省（市）界范围数据提取出来，只是由于两个矢量数据图层属性表内容的不同而使得要素选择语句稍有不同，即 **"province" LIKE '北京市' OR "province" LIKE '天津市' OR "province" LIKE '河北省'**（图 3.5），其他操作均类似，这里不再赘述，最后可将导出的数据保存在 **ex03\JJJmap** 文件夹下，名称为 **JJJmap.shp**。

之后，在 ArcMap 成功添加 JJJmap 图层后，移除 province 图层，若看到提取出的新图层只包含京津冀地区的省（市）界（图 3.6）则表示操作成功。

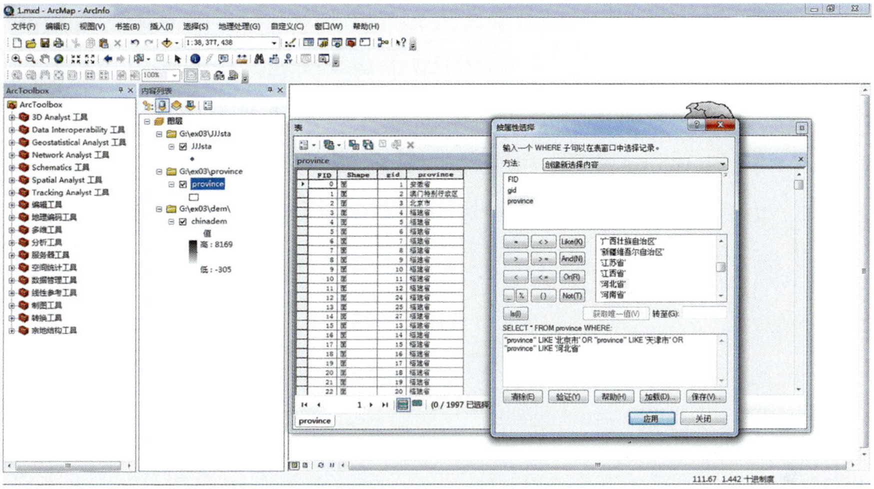

图 3.5　在图层属性表中选择京津冀省（市）界要素

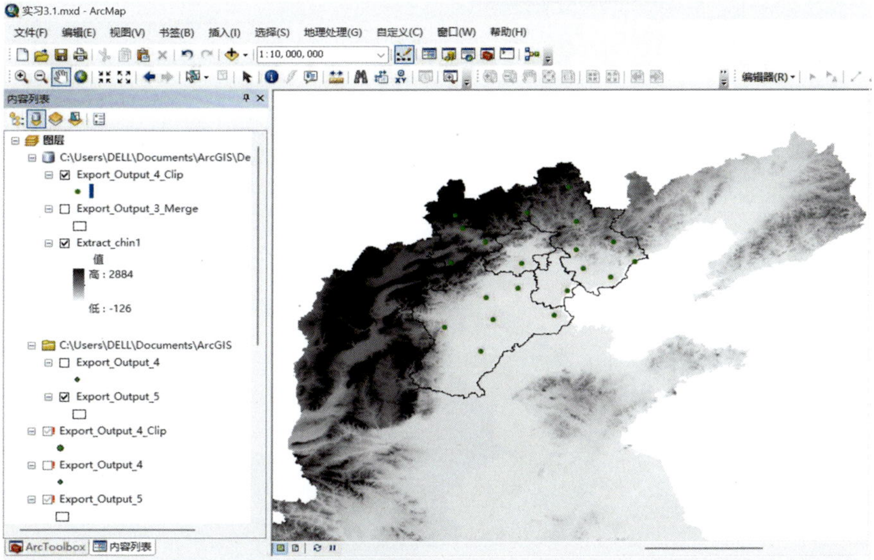

图 3.6　基于属性表成功提取出京津冀地区省（市）界范围

最后，提取京津冀地区 DEM。在获取了京津冀地区省（市）界范围的基础上，可使用实验 2 中介绍过的栅格要素的提取分析工具来提取区域 DEM 数据。在 **ArcToolbox—Spatial Analyst 工具—提取分析**下，双击**按掩膜提取**，在弹窗中**输入栅格**浏览选择 **ex03\dem** 下的 **chinadem**，**输入栅格数据或要素掩膜数据**浏览选择 **ex03\JJJmap** 下的 **JJJmap.shp**，在**输出栅格**中，保存路径

浏览选择 **ex03\JJJdem** 文件夹（需新建文件夹并改名），栅格要素集**名称**键入 **JJJdem**，单击**保存**返回，检查无误后单击**确定**（图 3.7）。ArcMap 在完成提取分析后会自动添加 JJJdem 图层，若其只包含京津冀范围则表示提取成功，此时可移除原 chinadem 图层，并进行全图显示（图 3.8）。

至此，已通过上述处理获得了京津冀地区的站点数据（JJJsta 图层）、省（市）界范围数据（JJJmap 图层）及 DEM 数据（JJJdem 图层），即数据预处理完成，可进入下一步。

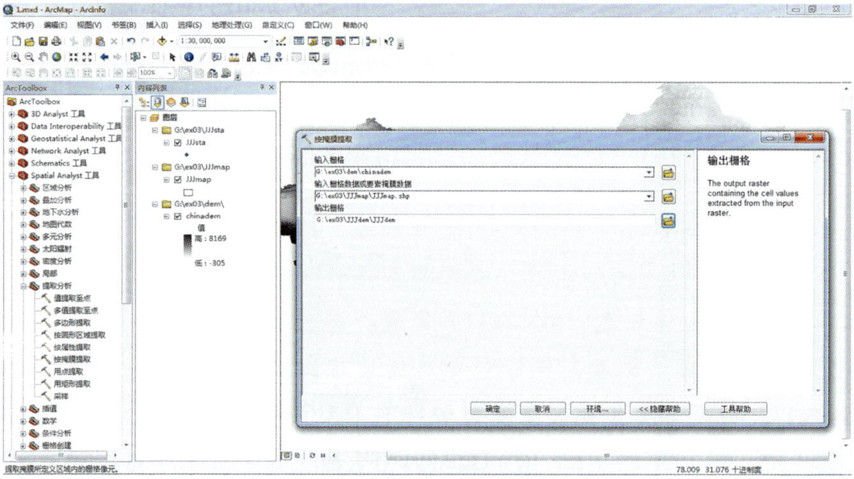

图 3.7 按掩膜提取出京津冀地区 DEM

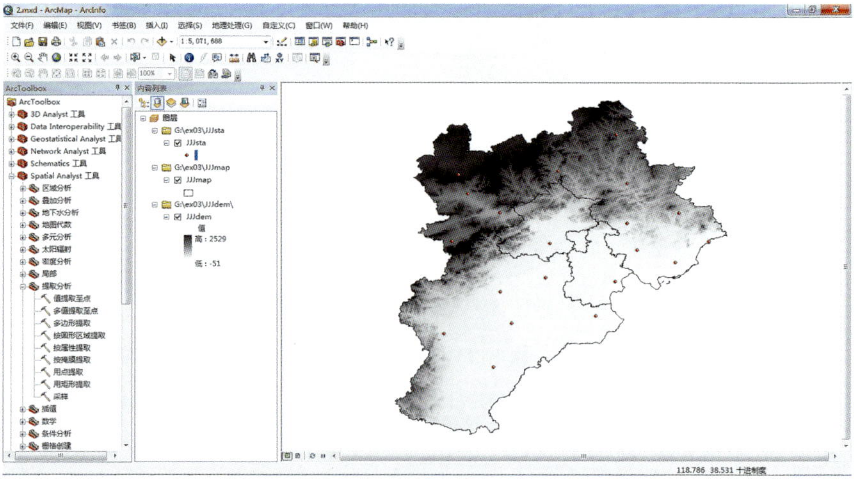

图 3.8 京津冀地区的站点分布、省（市）界范围以及 DEM

2. 绘制京津冀站点海拔高度分级图

第一步，分级符号。

通过上述分析后，可进入京津冀站点海拔高度分级图的绘制过程，这时可先移除暂时不使用的 JJJdem 图层。双击内容列表中的 **JJJsta 图层**打开其**图层属性**窗口—单击**符号系统**—左侧**显示**栏中，点击**数量**下的**分级符号**，在**字段**栏中的**值**中下拉选择**海拔**；在**分类**栏单击**分类**，在弹窗中做如下选择：分类**方法**下拉选择**自然间断点分级法**，分类**类别**下拉选择 **3**，单击**确定**返回；**符号大小**，从 **10** 到 **16**，再单击**模板**进入符号选择弹窗，在其中可以选择**符号样式**及**颜色**（这里以蓝色实心圆点为例），选定完成后单击**确定**返回—单击**应用**—单击**确定**（图 3.9）。此时可以看到京津冀地区站点的符号变为了大小不一的蓝色圆点，表示海拔高度的分级符号显示成功。有时也可以将不同省份范围用不同的底色显示：双击内容列表中的 **JJJmap 图层**，在其**属性弹窗**中**符号系统**—**类别**—**唯一值**下，**值字段**下拉选择 **province**，再单击**添加所有值**，则发现列表中出现了各个省份，修改其对应的**符号**的颜色（双击**符号**），单击**应用**—单击**确定**后，可发现不同的省份由不同的底色区分开，这里读者可自行练习，本例中不做具体演示。

第二步，标注站名。

在 ArcMap 中，还可以显示出每个站点的站名。双击 **JJJsta 图层**进入其

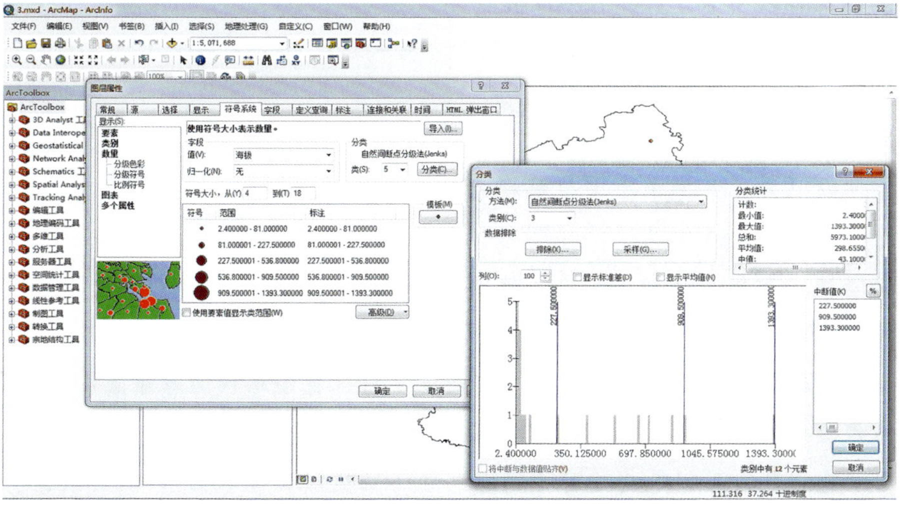

图 3.9　使用自然间断点分级法做数据分级

图层属性窗口—单击**标注**—勾选**标注此图层中的要素**；**方法**选**以相同的方式为所有要素加标注**；文本字符串中**标注字段**下拉选择**站名**；文本符号中可对标注的字体、字号、颜色和符号样式等进行设置，这里选择了红色10号宋体，完成设置后—单击**应用**—单击**确定**完成操作。此时若每个站点上方出现红色字体的站名则表示标注站名成功，可保存文档进入下一步（图 3.10）。

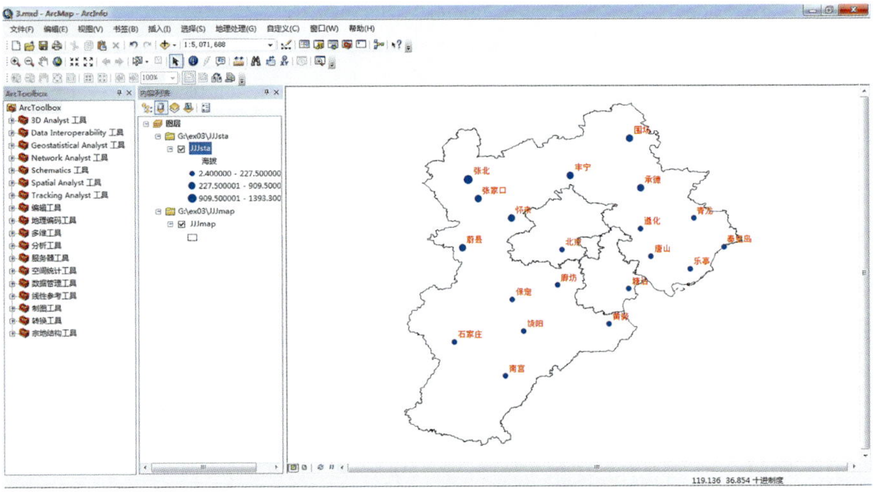

图 3.10　完成站点的海拔高度分级符号及站名标注

3. 添加经纬网、图例、指北针、比例尺等制图要素

在上一步之中，虽然完成了分级符号及站名标注，但其还不能作为一个合格的空间分布图导出，需要进一步添加经纬网、图例等使其更加完整。

第一步，添加经纬网。

在 ArcMap 中，添加经纬网、图例和指北针等地图要素需要在布局视图下才可以进行。首先单击主菜单栏中**视图**下的**布局视图**，这时在京津冀地图之外出现了一虚两实共三个矩形框，其中最内框可被设置为经纬框。选中最内框调整其至合适的大小，单击**视图**下的**数据框属性**，在弹窗中选择**格网**—**新建格网**—选中**经纬网**后单击**下一步**—选中**经纬网和标注**后单击**下一步**—勾选**长轴主刻度和短轴主刻度**后单击**下一步**—勾选**在经纬网边缘放置简单边框**，**存储为随数据变化而更新的固定格网**后单击**完成**返回数据框属性弹窗—单击**应用**预览效果，可以看出这时的经纬网还不够美观（图 3.11），需要做进一步的修改设置。

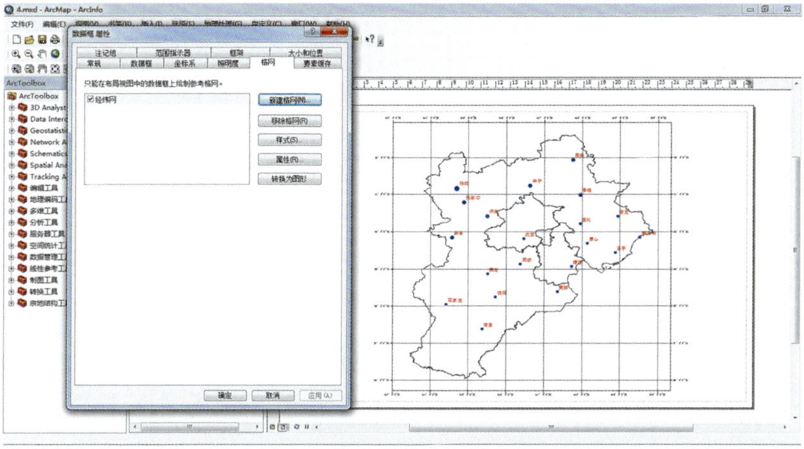

图 3.11　为京津冀站点海拔高度分级图添加经纬网

继续单击**数据框属性**弹窗中**格网**下的**属性**按键，在**标注**下的**标注样式**中，设置为**蓝色 15 号宋体**、**标注方向**的**垂直标注**中，勾选**左和右**，单击**应用**；在**线**下的**显示属性**中，勾选**显示为线格网**，**符号**点击选择**宽度为 0.4 的灰色虚线**；在**间隔**下的**间隔**中，***X***、***Y*** **轴**均设为 **1°30′**，单击**应用**，完成以上全部设置后，单击**确定**返回**数据框属性**弹窗，单击**应用**预览修改效果，若还需做进一步修改可继续单击**属性**进行设置，若已修改妥当，则单击**确定**完成经纬网属性设置。此时还可通过调整经纬框大小及平移地图的方式做细微调整，使得经纬网及其标注更加美观（图 3.12）。

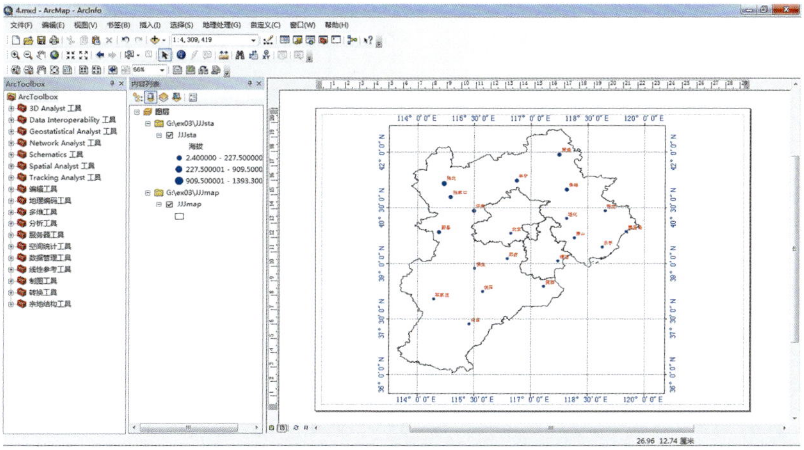

图 3.12　对经纬网做进一步的设置调整

经纬框还有一些设置功能可以增强其显示效果，读者可根据个人习惯做一些细节上的修改设置，这里不再赘述。

第二步，添加指北针、比例尺和图例。

接上一步，在添加经纬框之后，还可在主菜单的**插入**标签下选择添加指北针、比例尺和图例等图形要素。①**插入**—**指北针**，在弹窗中选择某一样式—**确定**，在地图中调整其至合适的大小和位置；②**插入**—**比例尺**，在弹窗中选中某一样式后，单击**属性**，在弹窗中的**比例和单位**下的**单位**中，**主刻度单位**下拉选择**千米**，**标注位置**选择**标注后**，其他项暂不做修改，单击**应用**，单击**确定**，此时发现地图中添加了比例尺，我们可以通过双击它的方式再次进入属性设置弹窗，这时可继续做一些细节上的调整，如比例尺大小及其标注字体等；③**插入**—**图例**，在弹窗中的**图例项**中仅保留 **JJJsta 后**，单击**下一步**—**图例标题**键入**海拔**，设置为**黑色 14 号宋体**，**对齐方式**选择**居中**，**下一步**—后续几处暂不做设置，**下一步**—**下一步**—**完成**。此时地图中出现了图例，双击可再次进入属性设置弹窗，在**项目**中，可单击**样式**，做图例的样式调整，这里我们选择了 **Horizontal Single Symbol Label Only** 样式，**确定**—**应用**—**确定**。

由于在分级符号步骤中没有对分级后的符号标注做修改，因此，此时的图例中符号标注由于小数点后保留位数较多而显得臃肿，双击 **JJJsta 图层**—在**符号系统**下的**分级符号**设置页面—将标注数字改为**小数点后保留 1 位**—**应用**—**确定**。之后再调整图例至合适位置，亦可在**图例属性**弹窗—**项目**—**样式**—**属性**—**常规**—**标注符号**中修改标注字体及字号。

在达到满意的效果后，可以导出地图存为图形文件（图 3.13）。具体为：单击主菜单**文件**中的**导出地图**，在弹窗中可以设置图片的保存路径、格式、名称以及分辨率等，读者可根据实际需求做选择，这里我们选择了 400 dpi 的 PDF 格式图片，取名为 3-1.pdf，保存在 **ex03** 文件夹下。

4. 绘制京津冀站点数据统计图

第一步，重新加载站点数据并保留经纬网。

在上述操作中，获得了包含经纬网、图例等地图要素的站点数据空间分布图，由于本部分数据统计图亦是针对京津冀地区站点，所以可以采取技巧避免再次添加经纬网、指北针等地图要素的操作。

复制上一步（图 3.13）的地图文档，在复制的文档中移除后再重新添加 JJJsta 图层，此时在文档中除了打开 JJJsta 和 JJJmap 两个图层之外，还包含了经纬网、指北针、比例尺和图例（图 3.14）。

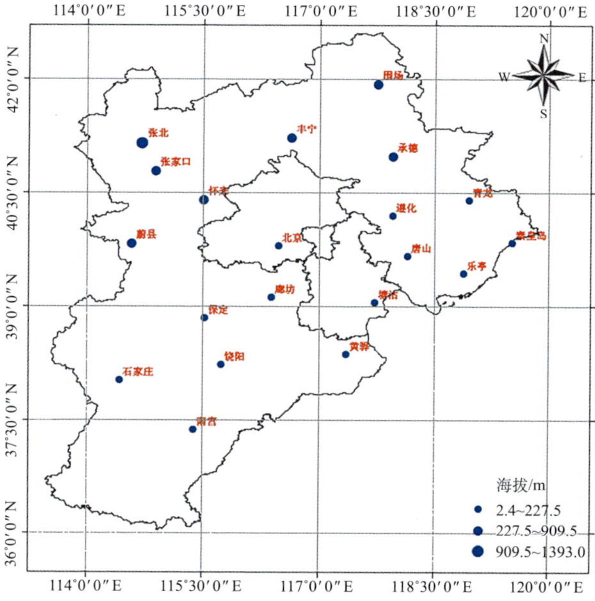

图 3.13　京津冀地区站点海拔高度分级图成图

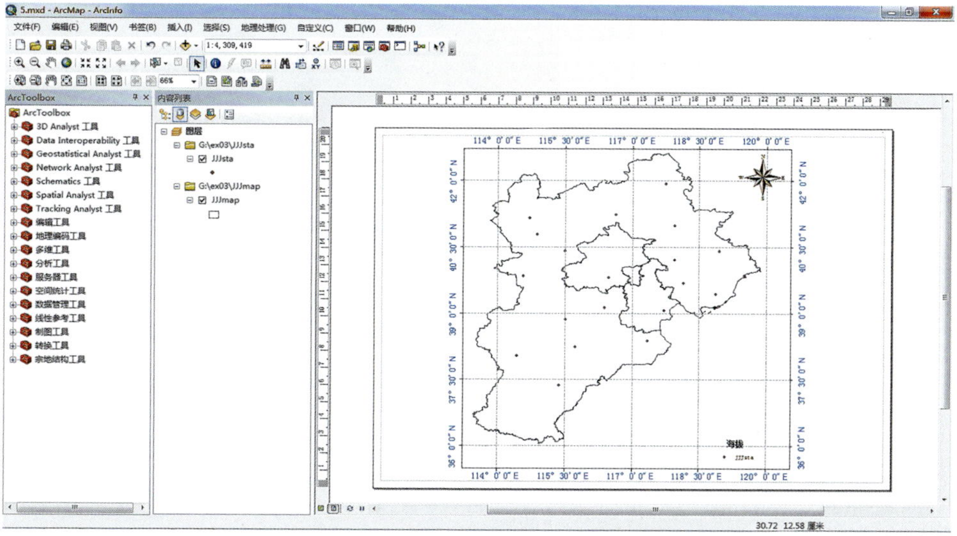

图 3.14　重新添加站点数据并保留制图要素

第二步，绘制京津冀站点数据的饼状图。

双击 **JJJsta 图层**打开其**属性**弹窗，单击**符号系统**—**图表**下的**饼图**—**字段选择**中分别选中 **Wdurs** 和 **Ddurs** 添加。

①双击 **Wdurs 字段**对应的**符号**，在弹窗中改其**填充色**为**蓝色**、**轮廓宽度**为 **1**、**轮廓颜色**为**灰色**，同样，将 **Ddurs** 的**符号填充色**改为**橙色**、**轮廓宽度**为 **1**、**轮廓颜色**为**灰色**；

②勾选**避免图表压盖**；

③单击**大小**，在弹窗中将**符号大小**设置为 **30 磅**，**变化类型**选为**固定大小**，单击**确定**，单击**应用**后可预览效果，若不满意饼状图效果可继续调整其颜色及大小，若已满足需求则单击**确定**完成。接下来，仅需设置此图图例（如图例标题、样式、标注的字体和大小等）并调整其位置即可完成京津冀站点 Wdurs 和 Ddurs 两要素的饼状图绘制（图 3.15 和图 3.16）。

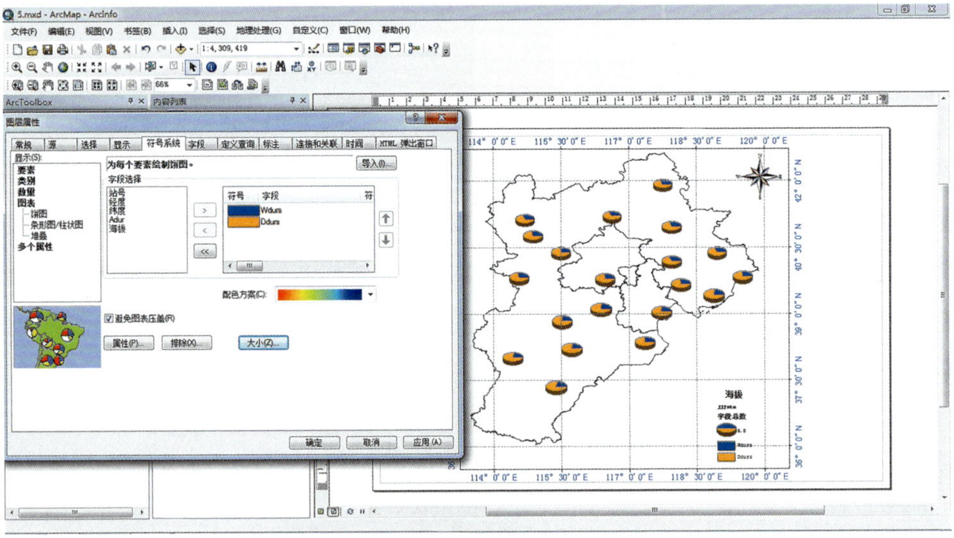

图 3.15　站点数据的饼状图设置

第三步，绘制京津冀站点数据的柱状图。

柱状图与饼状图的设置存在许多相似之处。在保存并复制上步（图 3.16）地图文档的基础上，双击 **JJJsta 图层**打开其**属性**弹窗，单击**符号系统**—**图表**下的**条形图 / 柱状图**，此时因为有上步的设置基础，因此可以直接单击**应用**—单击**确定**获得 Wdurs 和 Ddurs 的柱状图（图 3.17），若无上步基础，也只需按照上步饼状图中类似的操作和设置即可。

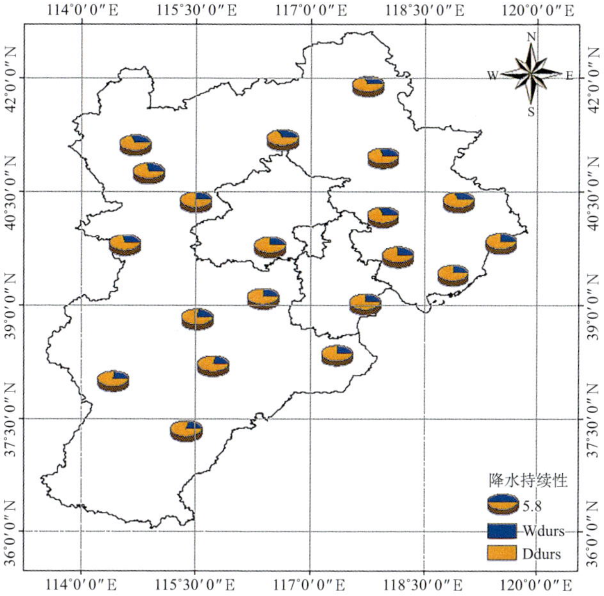

图 3.16　京津冀地区站点降水持续性的饼状图成图

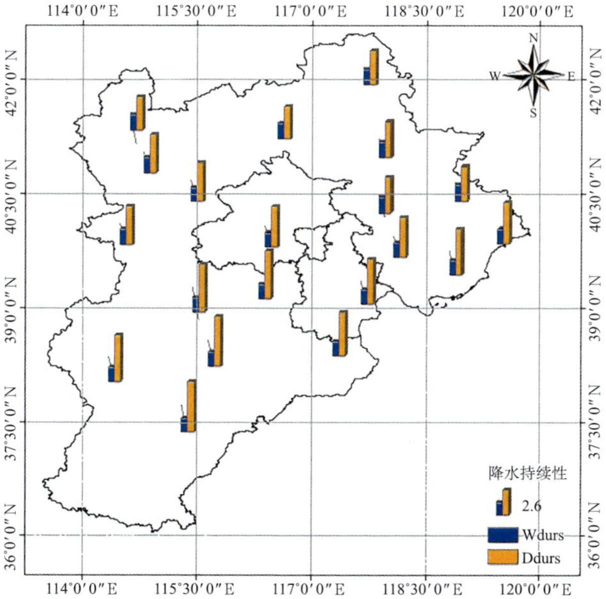

图 3.17　京津冀地区站点降水持续性的柱状图成图

不同要素的柱状图还可以以堆叠的形式显示，同样与上述两种图形的绘制方法较为类似。接上步，双击**JJJsta图层**打开其**属性**弹窗，单击**符号系统—图表**下的**堆叠**，直接单击**应用**—单击**确定**即获得Wdurs和Ddurs的堆叠柱状图。ArcMap默认的堆叠图是柱状，即不同要素所代表的柱子垂直的叠在一起，还可以通过设置使其横向组合在一起，只需在**符号系统—图表—堆叠—属性—方向**中，取消勾选**柱状**，选择勾选**条块**即可（图3.18）。

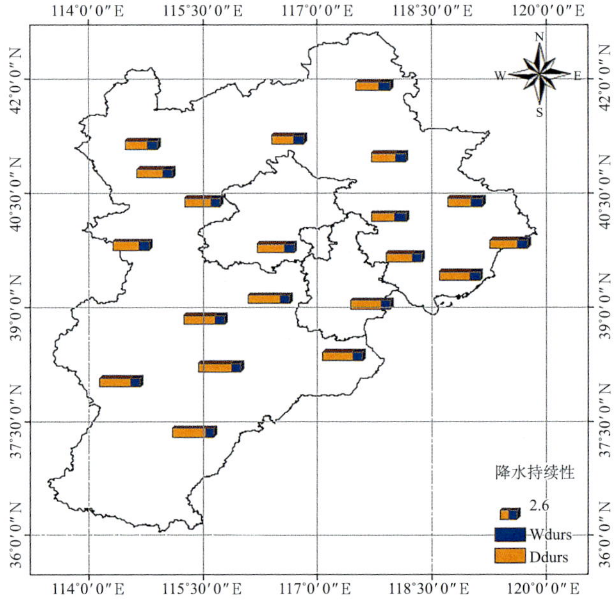

图3.18　京津冀地区站点降水持续性的条块堆叠图成图

5. 绘制京津冀地区地形概况图

在实际工作中，常常会需要制作在地形图上叠加气象站点分布的专题图。同样，为了简化添加并设置经纬网、图例等地图要素的步骤，这里双击**JJJsta图层**打开其**属性**弹窗，单击**符号系统—要素**下的**单一符号—应用—确定**，再添加JJJdem图层后完成京津冀地区地形概况图的制作准备。

首先，点击内容列表中**JJJdem图层**下的阴影色带，在弹窗中读者可自行选择不同颜色的色带，本例中依然选择默认的黑白色带，但勾选了下方的**反向**，即高程偏低的地区浅色显示、高程偏高的地方深色显示。其次，点击**JJJsta图层**下的点状符号，在弹窗中可设置站点的表示符号的类型、大小及颜色，读者亦可自行选择，本例中选择了 15 号红色实心圆点，接着以红色 14 号宋体标注了站名。最后，在**图例**属性—**项目**—**图例项**中移除了 **JJJsta 图层**，同时修改了图例名称、样式及其大小，至此完成了京津冀地区地形概况及站点位置分布图的绘制（图 3.19）。

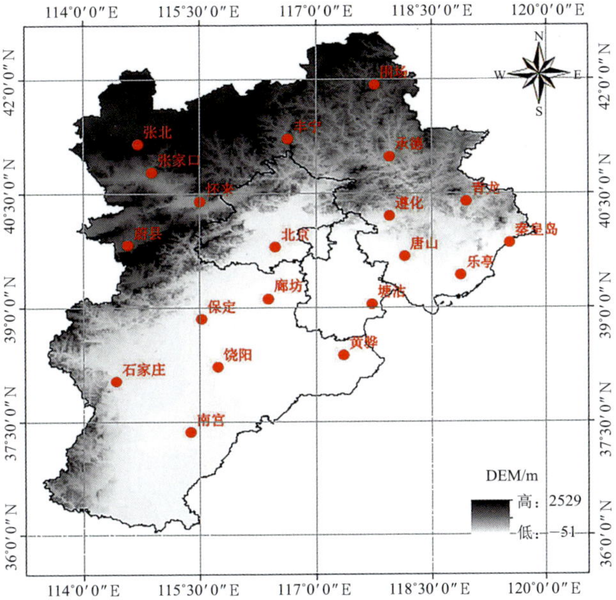

图 3.19　京津冀地区地形概况及站点位置分布图成图

3.2.6　实验后记

实际上，提取某一区域的站点和省（区、市）界范围的操作存在多种方法，在本实验中所采用的属性表操作的方式虽然不是最为快捷的途径，但却是较为严谨的方式，在实际工作中读者可根据实际情况而选择不同的提取方式。

本实验中所涉及的站点分级图、饼状 / 柱状图及地形概况图在实际工作中均较为常用，读者在熟悉其操作的基础上，亦应当对它们的特点及应用有所把握，在使用中可按实际情况来做选择，例如本实验中，同时使用了饼状图、柱状图和堆叠图来表现京津冀地区站点有雨、无雨时段平均持续天数特征，读者结合原始数据及成图可做以下思考：哪种图形能够最全面地反映数据所包含的气象信息？哪种图形能将各个站点间降水持续性的差异体现得最为清楚？哪个图形更能体现出各个站点中两个指标的差异？

本实验中一些较为基础的操作亦需要读者有较高的熟练度，如添加经纬网及属性设置、添加图例和相应的设置及其如何导出地图等。

第 4 章 空间插值

4.1 空间插值的定义及方法

一般情况下采集到的数据都是以离散点的形式存在的，只有在这些采样点上才有较为准确的数值，而其他未采样点上都没有数值。然而，在实际应用中却很可能需要用到某些未采样点的值，这个时候就需要通过已采样点的数值来推算未采样点值。这样的一个过程就是栅格插值过程，插值结果将生成一个连续的表面，在这个连续表面上可以得到每一点的值，如基于离散站点的数据插值得到某一区域连续空间内的分布数据。

在 GIS 系统中，提供了多种插值方法，这些方法按照其实现的数学原理可分为两类，即确定性插值方法和地统计插值方法。

地统计插值即克里金（Kriging）插值，在插值时需利用已知样点的地统计特性，其不但能够量化已知点之间的空间自相关性，还能够解释说明采样点在预测区域范围内的空间分布情况。确定性插值方法又可再分为两类，即全局性插值方法和局部性插值方法。全局性插值方法以整个研究区域的样点数据集为基础计算预测值，局部性插值方法则使用一个大的研究区域内较小的空间区域内的已知样点计算预测值（汤国安 等，2017）。

4.1.1 全局插值和局部插值

以由离散采样点插值获得某区域地形特征为例，全局内插在整个区域用一个数学函数来表达地形曲面。显然，其具有整体内插函数保凸性较差、不容易得到稳定的数值解、多项式系数物理意义不明显及不能提供内插区域的局部地形特征等缺点。但其优点也是明显的，如整个区域上函数的唯一性、能得到光滑连续的空间曲面、充分反映宏观地形特征等。整体内插函数常常用来揭示整个区域内的地形宏观起伏态势，一般有边界内插方法、趋势面分析和变换函数插值等方法。

局部插值方法只使用邻近的数据点来估计未知点的值，一般包括以下几个步骤：

①定义一个邻域或搜索范围；

②搜索落在此邻域范围的数据点；

③选择表达这有限个点的空间变化的数学函数；

④为落在规则格网单元上的数据点赋值。重复这个步骤直到格网上的所有点赋值完毕（汤国安，2019）。常用的局部插值方法有最邻近点法（泰森多边形法）、反距离权重插值和样条函数插值方法，而克里金插值亦属于一种局部插值的方法。

4.1.2 最邻近点法：泰森多边形法

最邻近点插值法（Nearest Neighbor）又称泰森多边形法，泰森多边形（又叫 Dirichlet 或 Voronoi 多边形）分析法是荷兰气象学家 A. H. Thiessen 提出的一种分析方法。最初用于从离散分布气象站的降水量数据中计算平均降水量，现在 GIS 和地理分析中经常采用泰森多边形法进行快速赋值。

泰森多边形法采用了一种极端的边界内插方法，只用最近的单个点进行区域插值。泰森多边形法按数据点位置将区域分割成子区域，每个子区域包含一个数据点，各子区域到其内数据点的距离小于任何到其他数据点的距离，并用其内数据点进行赋值（图 4.1）。连接所有数据点的连线形成 Delaunay 三角形，与不规则三角网 TIN 具有相同的拓扑结构。需要注意的是，泰森多边形虽可用于插值分析，但在实际运用中更多用于做邻域分析而较少作为插值方法应用，其作为邻域分析的使用方法将在下一章节（5.1）中做详细讨论。

4.1.3 移动平均插值方法：反距离权重法

反距离权重方法综合了泰森多边形的最邻近点方法和趋势面分析的渐变方法的长处，它假设未知点 X_0 处属性值是在局部邻域内所有数据点的距离加

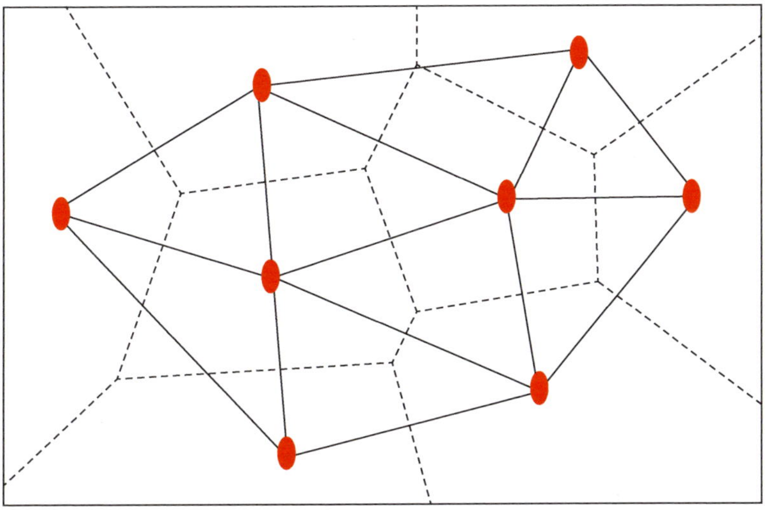

图 4.1　泰森多边形生成方法示意

权平均值。反距离权重方法是加权移动平均方法的一种。加权移动平均公式最简单的形式称为线性插值，即：

$$\hat{z}(x_0) = \frac{1}{n}\sum_{i=1}^{n} z(x_t)$$

反距离权重方法是 GIS 软件根据点数据生成栅格图层的最常见方法。其计算值易受数据点集群的影响，计算结果经常出现一种孤立点数据明显高于周围数据点的“鸭蛋”分布模式，可以在插值过程中通过动态修改搜索准则进行一定程度的改进。

4.1.4　样条函数插值方法

所谓样条曲面，可假想为一张具有弹性的薄板压定在各个采样点上，而其他地方自由弯曲。从数学上讲，就是一个分段的低次多项式，多项式的次数一般不超过三阶。通过样条函数，可以获取在各个采样点上具有最小曲率的拟合曲面。

二元样条函数首先对采样区域进行分块，对每一块用一个多项式进行拟合，为保证各个分块之间的平滑过渡，按照弹性力学条件设立分块间的连续性条件，即公共边上的导数连续条件。

可适合任意形状的分块单元，与整体内插函数相比，样条函数不仅保留了局部区域的细部特征，还能获取连续光滑的（插值）结果。其在拟合时对数据误差的响应不敏感，具有较好的保凸性、逼真性和平滑性。

4.1.5 空间自协方差最佳插值方法：克里金插值

克里金插值是以变异函数理论和结构分析为基础，在有限区域内对区域化变量进行无偏最优估计的一种方法，是地统计学的主要内容之一。南非矿产工程师 D. R. Krige（1951 年）在寻找金矿时首次运用这种方法，法国著名统计学家 G. Matheron 随后将该方法理论化、系统化，并命名为 Kriging，即克里金方法。

克里金方法的适用范围为区域化变量存在空间相关性，即如果变异函数和结构分析的结果表明区域化变量存在空间相关性，则可以利用克里金方法进行内插或外推，否则是不可行的。其实质是利用区域化变量的原始数据和变异函数的结构特点，对未知样点进行线性无偏、最优估计。无偏是指偏差的数学期望为 0，最优是指估计值与实际值之差的平方和最小。也就是说，克里金方法是根据未知样点有限邻域内的若干已知样本点数据，在考虑了样本点的形状、大小和空间方位，与未知样点的相互空间位置关系，以及变异函数提供的结构信息之后，对未知样点进行的一种线性无偏最优估计。

克里金方法与反距离权重插值方法有些类似，两者都通过对已知样本点赋权重来求得未知样点的值，可统一表示为：

$$Z\left(x_0\right)=\sum_{i=1}^{n}\lambda_i Z\left(x_i\right)$$

式中，$Z(x_0)$ 为未知样点的值，$Z(x_i)$ 为未知样点周围的已知样本点的值，λ_i 为第 i 个已知样本点对未知样点的权重，n 为已知样本点的个数。

不同的是，在赋权重时，反距离权重插值方法只考虑已知样本点与未知样点的距离远近，而克里金方法不仅考虑距离，而且通过变异函数和结构分析，考虑了已知样本点的空间分布及与未知样点的空间方位关系（汤国安 等，2017）。

各种内插方法在不同的地貌地区和不同采点方式下有不同的误差。对于众多的空间插值方法而言，没有绝对的最优的空间内插方法，只有在特定条件下的最优方法。具体选择时要考虑每种方法的适用前提及优缺点，同时考虑应用的特点，从内插精度、速度、计算量等方面选取合理的方法，并对结果做严格的检验。

4.2　实验 4　站点数据空间插值

4.2.1　实验目的

（1）掌握矢量数据空间插值的实现流程。

（2）理解不同插值方法间的差异。

（3）熟悉栅格数据的表面分析。

4.2.2　实验数据

（1）西南地区站点数据 Shapefile 文件，存于 ex04\station 下，该数据包含西南地区 118 个站点的所在省份、站号、经度、纬度，以及夏季气候平均的日平均气温、日最高气温、日最低气温、日均降水量、日均相对湿度、日均日照时数和风速。

（2）中国省（区、市）界范围 Shapefile 文件，存于 ex04\province 下。

4.2.3　实验理论基础

1. 插值参数

在 ArcMap 中做空间插值时，由于存在多种可选方法，而不同的方法插值原理不同，因此，在设置插值参数时，不同方法间有通用的设置部分，亦有特殊的设置部分。这里介绍在实际中使用较多的反距离权重法、克里金法和样条函数法在插值参数设置中应当注意的地方。

由 4.1.1 小节中的内容可知，上述三种方法均属于局部插值方法，其在插值某格点时均使用其一定范围内的邻近数据点数据进行计算，因此，在插值设置中，存在一些相同之处，如三种方法都要给定要插值的图层、插值的变量、插值后的栅格大小及输出路径和名称。

除了上述相同之处外，还有一些相似之处。如反距离权重和克里金方法均需要设置搜索半径类型，即当搜索半径类型选择变量时，搜索半径由点数和最大距离控制，点数的缺省值为 12，表示插值时搜索最近的 12 个点，最大距离是一个控制距离，如果最近点的个数超出控制距离，则将会以控制距离为限制来选取较少的点。当搜索半径类型选择固定时，搜索半径则由距离和最少点数控制，距离即搜索半径距离，缺省是输出栅格大小的 5 倍，最少点数中输入控制插值点个数的最小整数值。如果搜索半径距离内的点个数小于插值点个数的最小整数值，则搜索半径自动增大。而样条函数中虽然没有搜索半径类型选择项，但其也有最大搜索点数的选项，其缺省值也是 12。

三种方法设置参数中的差别之处源于三种方法的插值算法不同，反距离权重法需考虑距离权重指数，克里金方法可以选择不同克里金模型，而样条函数法可以选择样条函数的类型及权重。

（1）反距离权重法中，有幂选项，即距离的指数设置项，用于控制内插值周围点的显著性。幂值越高，对远数据点的影响会越小。它可以是任何大于 0 的实数，但使用从 0.5 到 3 的值可以获得最合理的结果，其缺省值为 2，表示是反向距离平方插值。

（2）克里金方法中，有半变异函数属性项，在其中可以选择普通克里金或是通用克里金方法、半变异函数模型及其相应参数设置。

（3）样条函数法中有 Regularized 和 Tension 两种可选的算法。如果选择 Regularized，它将生成一个平滑、渐变的表面，得出的插值结果很可能会超出样本点的取值范围。如选择 Tension，它会根据要生成的现象的特征生成一个比较坚硬的表面，得出结果的插值更接近限制在样本点的取值范围内。同时对照上述两种不同的算法，插值权重的设置亦有所差别。选择 Regularized 时，它决定了表面最小曲率三次导的权重，权重越高表面越光滑，可能用到的典型值有 0、0.001、0.01、1 和 5。选择 Tension 时，它决定了 Tension 的权重，权重越高，表面越粗糙，可能用到的典型值有 0、1、5 和 10。

2. 表面分析（汤国安 等，2017）

等值线是将表面上相邻的具有相同值的点连接起来的线，如地形图上的等高线、等压面图上的等高线。等值线分布的疏密一定程度上表明了表面值的变化情况。值的变化越小的地方，等值线就越疏，反之越密。因此，通过研究等值线的疏密情况，可以获得表面值变化的大致情况。

等值线添加功能是栅格表面分析的功能之一。表面分析主要通过生成新数据集，诸如等值线、坡度、坡向、山体阴影等派生数据，获得更多的反映原始数据集中所暗含的空间特征、空间格局等信息。在 ArcGIS 中，表面分析的主要功能有查询表面值、从表面获取坡度和坡向信息、创建等值线、分析表面的可视性、从表面计算山体的阴影、确定坡面线的高度、寻找最陡路径、计算面积和体积、数据重分类、将表面转化为矢量数据等。

4.2.4　实验内容

（1）使用反距离权重方法做川渝站点空间插值。

（2）使用克里金方法做川渝站点空间插值。

（3）使用样条函数方法做川渝站点空间插值。

4.2.5　实验步骤

1. 基于反距离权重方法的空间插值

第一步，川渝地区数据准备。

在实验 3 中，给出了基于属性表提取某一区域站点及省（市）界的方法，这里由于站点数据是西南地区，而省（区、市）界底图是全中国范围，因此，同样需要做川渝地区的站点和省（市）界底图的提取工作，但不再使用属性表操作方式，而采取较为快捷的方式。

首先提取川渝省（市）界底图：在 ArcMap 中添加 **ex04\province** 下的 **province.shp**，单击工具栏中的**选择—按矩形选择**，在地图上拉矩形框选中四川和重庆地区，右击内容列表中的 **province** 图层—**数据—导出数据—导出**，下拉选择**所选要素**；勾选**此图层的源数据**；**输出要素类**浏览选择 **ex04** 下的 **Cymap** 文件夹（需新建并重命名），**保存类型**为 **shapefile**，**名称**为 **Cymap.shp**—单击**保存**—单击**确定**，并添加导出的 Cymap 图层。单击工具栏中的**选择要素**工具，并移除 province 图层，此时 Cymap 图层即为川渝地区省（市）界范围（图 4.3）。

接下来提取川渝站点：添加 **ex04\station** 下的 **station.shp**，可以看到该数据包含的西南地区各个站点的空间位置，云贵地区的站点位于川渝省（市）界之外。单击 **ArcToolbox** 中**分析工具—提取—裁剪**，在弹窗中做以下设置：**输入要素**浏览选择 **station.shp**；**裁剪要素**浏览选择 **Cymap.shp**；**输出要素类**浏览选择 ex04 下的 **Cysta** 文件夹（需新建并改名），**保存类型**为**要素类**，**名称**为 **Cysta.shp**—单击**保存**—单击**确定**。裁剪完成后 ArcMap 会自行添加 Cysta 图层（图 4.3），此时可在 Cysta 和 station 两个图层的属性表中验证是否有站点漏选或多选。

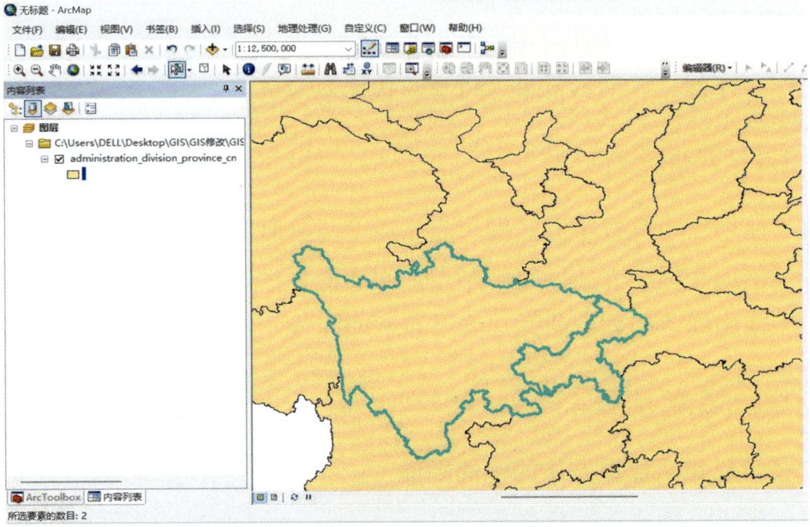

图 4.2　选中川渝地区省（市）界范围

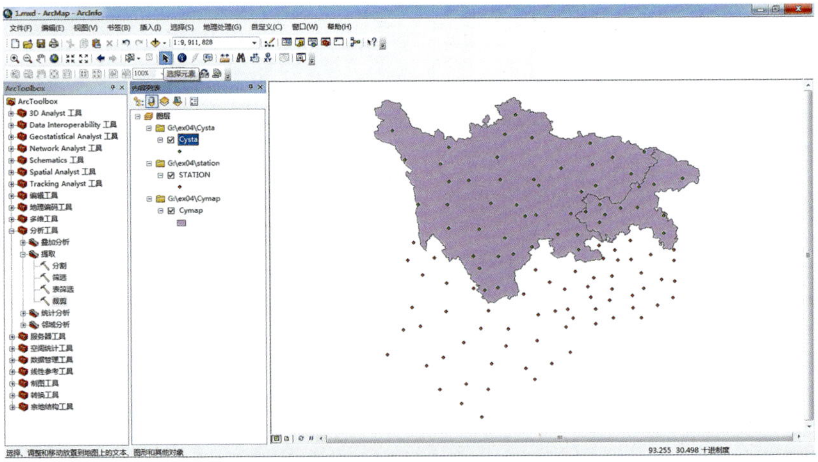

图 4.3　提取川渝地区站点

第二步，完成反距离权重插值。

通过上述步骤，已获得了川渝地区的站点（Cysta.shp）及省（市）界底图（Cymap.shp）。接下来便进行反距离权重空间插值。在 **ArcToolbox**—**Spatial**

Analyst 工具—插值下，双击**反距离权重法**，在弹窗中做以下设置：①**输入点要素**，浏览选择 **Cysta.shp**，***Z* 值字段**下拉选择**平均气温**，表示我们对川渝站点的平均温度要素做空间插值；②**输出栅格**，浏览选择 **ex04** 下的 **idw** 文件夹（需新建并改名），**保存类型**为**栅格数据集**，**名称**取 **idw—保存**，**输出像元大小**改为 **0.1**（即栅格大小为 0.1°×0.1°）；③其他一些如**幂**、**搜索半径**和**输入障碍折线要素**等可选项暂时默认或不做选择；④单击**环境—处理范围**下拉选择**与图层 Cymap 相同**，**栅格分析**中的**掩膜**浏览选择 **Cymap.shp**（即插值的范围是川渝地区地图范围，且插值结果只输出包含川渝省（市）界之内的区域），单击**确定**返回反距离权重弹窗，再单击**确定**进入运算（图 4.4 和图 4.5）。

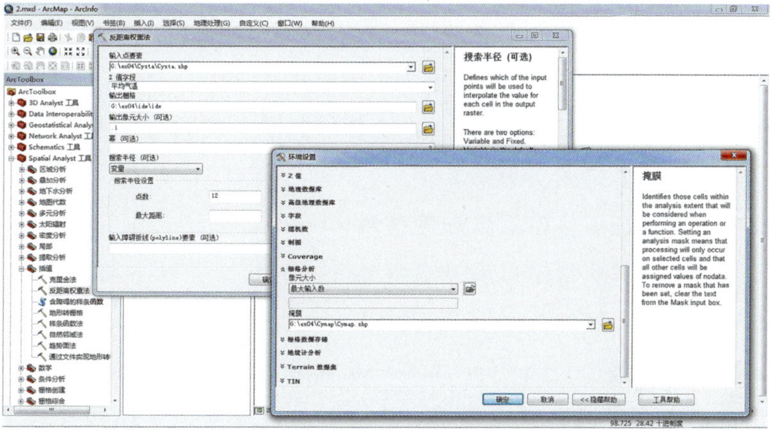

图 4.4　川渝站点平均气温要素反距离权重插值设置

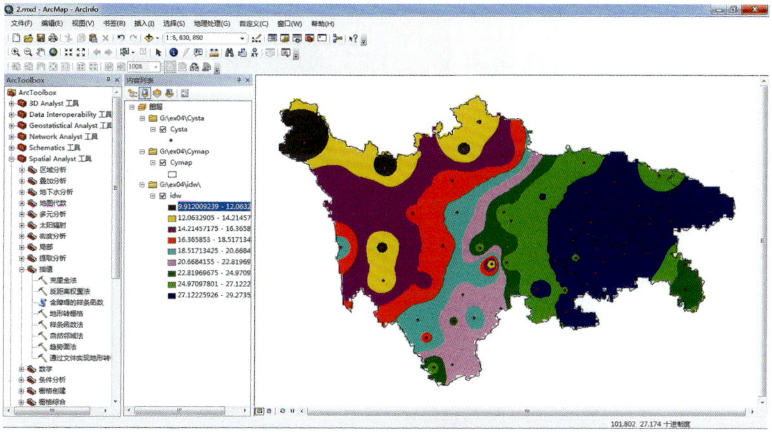

图 4.5　川渝站点平均气温要素反距离权重插值初始结果

运算完成后，ArcMap 会自行添加插值结果 idw 栅格图层，可以看到阴影范围布满了川渝省（市）界之内的地区，说明上述掩膜设置起到了作用，若只设置了分析范围而不设置掩膜，那么阴影范围将包含川渝地区最低纬度至最高纬度，最小经度至最大经度的矩形范围。

获得插值结果后，ArcMap 用默认的分类颜色显示，读者可在这个基础上做修改。首先**取消勾选**内容列表中的 **Cysta 图层**，即不再显示站点位置，然后将**省界图层**改为 **hollow**，即只显示各省份的边界线，边界内透明。最后双击图层 idw—**符号系统**—弹窗左列**显示**中，**已分类**表示用不同的颜色表示不同的数据区间，而**拉伸**则表示用渐进的色带显示数据的取值范围。这里我们选择**已分类**，单击**分类**中的**分类**按键，**类别**选 **6**，**分类方法**选**相等间隔**，单击**确定**返回图层属性弹窗，在**色带**中下拉选择任意色带，将标注改为保留两位小数点后单击**应用**预览设置效果，若效果不满意，则继续修改设置，若已符合要求，则单击**确定**完成阴影设置。

第三步，为插值栅格图层添加等值线。

在上述步骤中，获得了川渝站点平均气温的反距离权重插值结果，其以 6 个间隔的阴影显示（图 4.6），在此基础上可以为该阴影添加相匹配的等值线。在 **ArcToolbox**—**Spatial Analyst 工具**—**表面分析**下，双击**等值线**，在弹窗中做以下设置：**输入栅格**浏览选择 **idw**，**输出折线要素**即等值线保存文件浏览选择 **ex04\idw** 文件夹下 **contour** 文件夹（需新建并改名），保存类型为**要素类**，名称为 **ctr**，单击**保存**返回等值线设置弹窗。基于上步中的阴影分级结果，**起始等值线**键入 **9.91**，**等值线间隔**键入 **3.23**，单击**确定**进入运算，在运算完成后 ArcMap 自行添加线状要素图层 ctr（图 4.7）。

此时在地图上已经存在了等值线，且其间隔与阴影较为匹配。为增强显示效果，还可以添加等值线的标注。首先右击内容列表中的 **ctr 图层**—**打开属性表**，检查 **contour** 项中数据是否是保留 2 位小数点，若是则关闭返回直接进行下一步，若不是则右击 **contour** 进入其**字段属性**弹窗—单击**数字格式**中的**数值**—将**小数位数**改为 **2** 位，单击**确定**返回**字段属性**弹窗，再次单击**确定**返回属性表，此时发现 contour 项中数据已是两位小数点，表示上述操作成功，可关闭属性表。

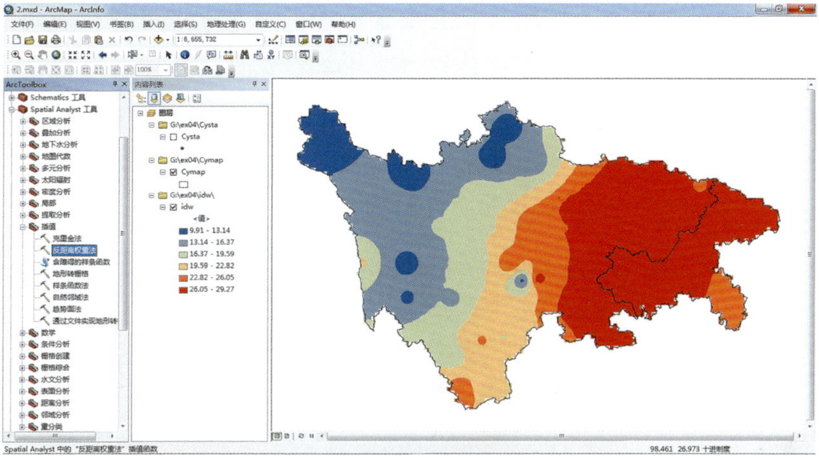

图 4.6　反距离权重插值阴影调整结果

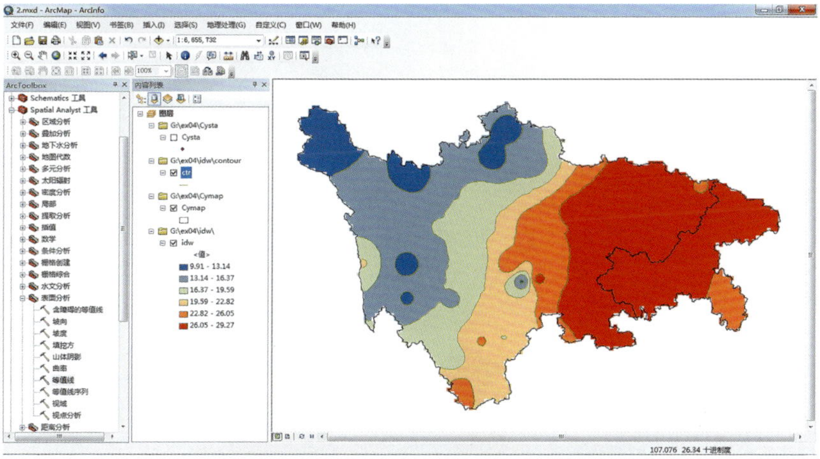

图 4.7　在反距离权重插值结果基础上添加等值线

接下来，双击内容列表中的 **ctr 图层**进入其图层属性弹窗，在**标注**项下，勾选**标注此图层中的要素**，**方法**为默认的**以相同方式为所有要素加标注**，**标注字段**下拉选择 **CONTOUR**，再在**文本符号**中将标注的字体设置为 **14 号黑色 Times New Roman 字体**—单击**应用**—单击**确定**。最后将等值线改为**宽度为 1.5 黑色实线**完成所有等值线设置（图 4.8）。

第四步，完善并导出空间插值地图。

接上步，可切换至**布局视图**添加**经纬网**及**图例**、**图题**。经纬网及图例的添加和设置可参考实验 3，这里不再赘述。添加图题亦较为简单：单击主菜单

插入中的**标题**，内容输入**反距离权重插值**后单击**确定**可发现在地图的上部中央位置出现了图题。此时右击它并在弹窗中单击**属性**，再单击弹窗中的**更改符号**可修改图题的字体、颜色及字号等，这里设置为**红色 20 号加粗宋体**后单击**确定**返回，单击**应用**，单击**确定**完成设置，最后保存地图文档并导出地图（图 4.9）。

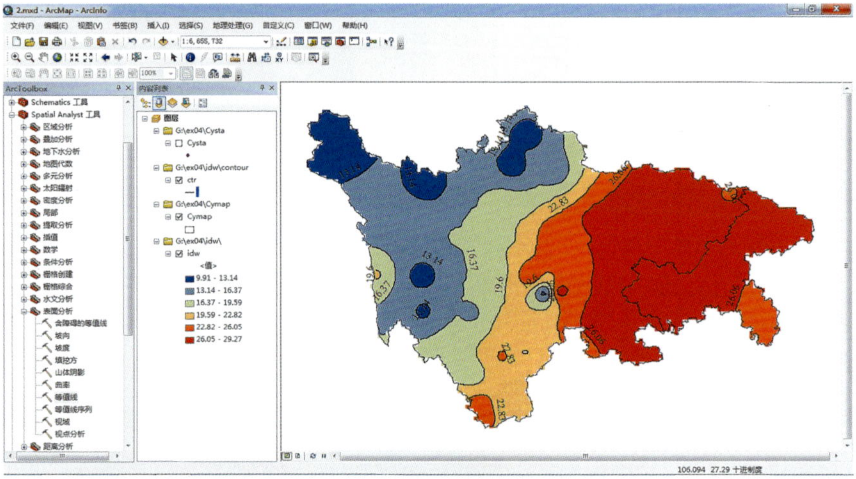

图 4.8　进一步完善后的插值栅格等值线

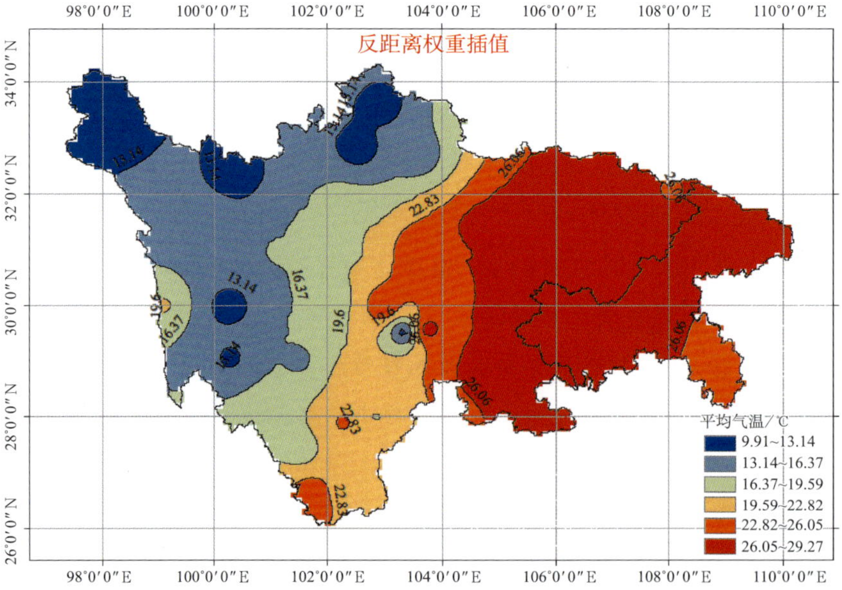

图 4.9　川渝站点平均气温要素的反距离权重插值结果成图

2. 基于克里金方法的空间插值

复制上步的 ArcMap 地图文档后重新打开，移除插值栅格 idw 图层和等值线 ctr 图层，仅保留川渝站点 Cysta 图层和省（市）界 Cymap 图层。双击地图上的**图题**，在弹窗的文本中输入**克里金插值**后**确定**完成图题修改（图 4.10）。

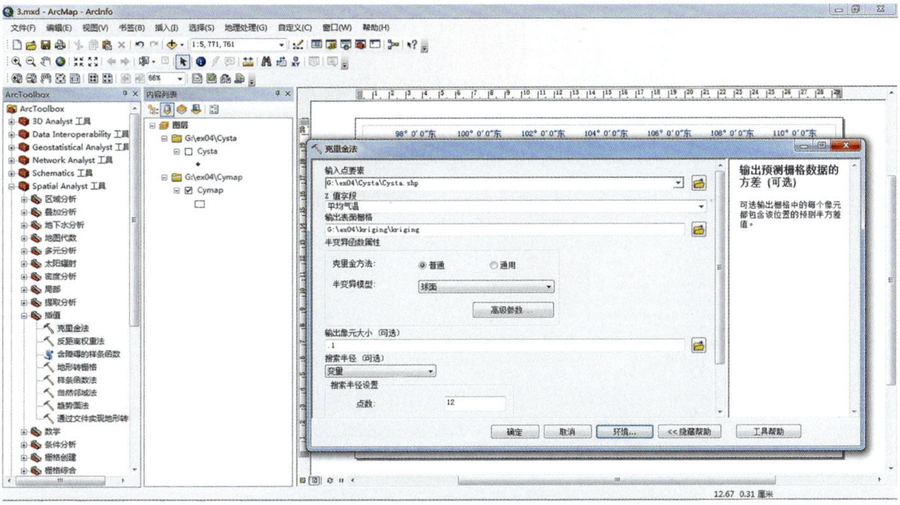

图 4.10　川渝站点平均气温要素克里金插值设置

在 **ArcToolbox—Spatial Analyst 工具—插值**下，双击**克里金法**，在弹窗中做以下设置：①**输入点要素**，浏览选择 **Cysta.shp**，***Z* 值字段**继续下拉选择**平均气温**；②**输出表面栅格**，浏览选择 **ex04** 下的 **Kriging** 文件夹（需新建并改名），**保存类型**为**栅格数据集**，**名称**取 **Kriging—保存**，**输出像元大小**改为 **0.1**；③其他一些如**半变异函数属性**、**搜索半径**和**输出预测栅格数据的方差**等可选项暂时默认或不做选择；④单击**环境—处理范围**下拉选择**与图层 Cymap 相同**，**栅格分析**中的**掩膜**浏览选择 **Cymap.shp**，单击**确定**返回，单击**确定**进入运算。

运算完成后 ArcMap 自动添加克里金插值结果 Kriging 图层，与上步相同，我们可以对阴影进行设置，这里我们依然选择分为 6 个相等间隔，标注也保留两位小数点。之后继续添加等值线并按照上步方法做匹配阴影的设置，修改图例后保存地图文档并导出地图（图 4.11）。

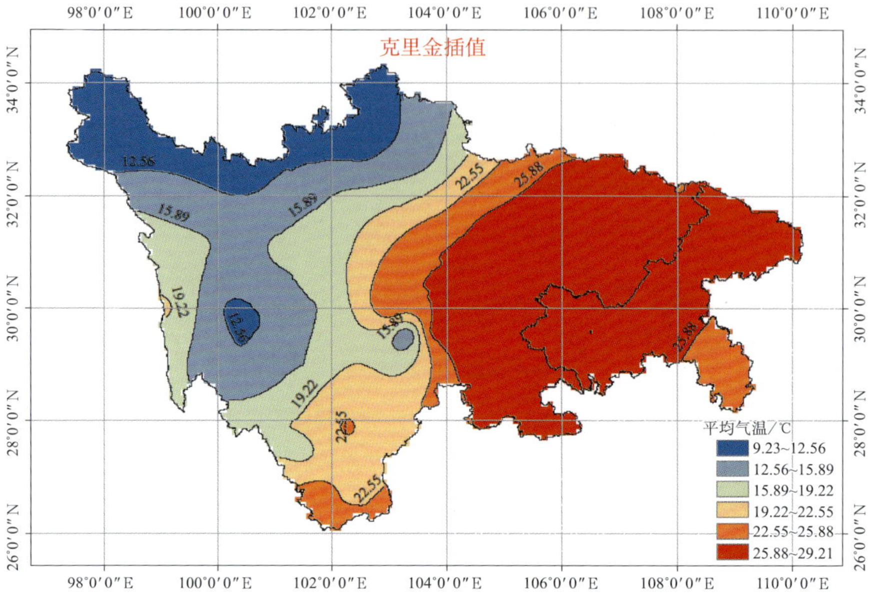

图 4.11　川渝站点平均气温要素的克里金插值结果成图

3. 基于样条函数方法的空间插值

同样地，复制上步的 ArcMap 地图文档后重新打开，移除上步中的插值栅格及等值线的 Kriging 和 ctr 图层，仅保留川渝站点和省（市）界的 Cysta 和 Cymap 图层，并将图题改为**样条函数插值**。

在 **ArcToolbox—Spatial Analyst 工具—插值**下，双击**样条函数法**，在弹窗中做以下设置：①**输入点要素**浏览选择 **Cysta.shp**，***Z* 值字段**下拉选择**平均气温**；②**输出栅格**浏览选择 **ex04** 下的 **spline** 文件夹（需新建并改名），**保存类型**为**栅格数据集**，**名称**取 **spline—保存**，**输出像元大小**改为 **0.1**；③其他一些如**样条函数类型**、**权重**和**点数**等可选项暂时默认；④单击**环境—处理范围**下拉选择**与图层 Cymap 相同**，**栅格分析**中的**掩膜**浏览选择 **Cymap.shp**，单击**确定**返回，单击**确定**进入运算（图 4.12）。

运算完成后 ArcMap 自动添加插值结果 spline 图层。同样地，将阴影设置为 6 个相等间隔，标注保留两位小数点，添加等值线并做相应的设置以匹配阴影显示，修改图例后保存 ArcMap 文档并导出地图（图 4.13）。

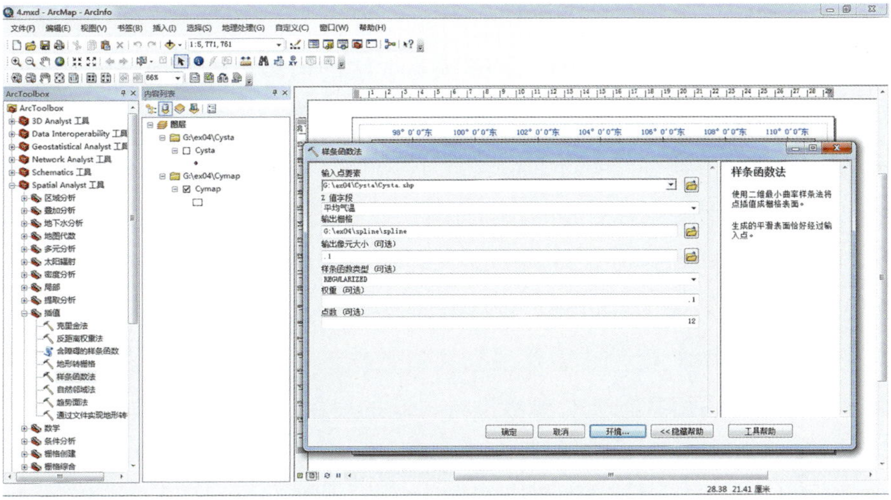

图 4.12 川渝站点平均气温要素样条函数插值设置

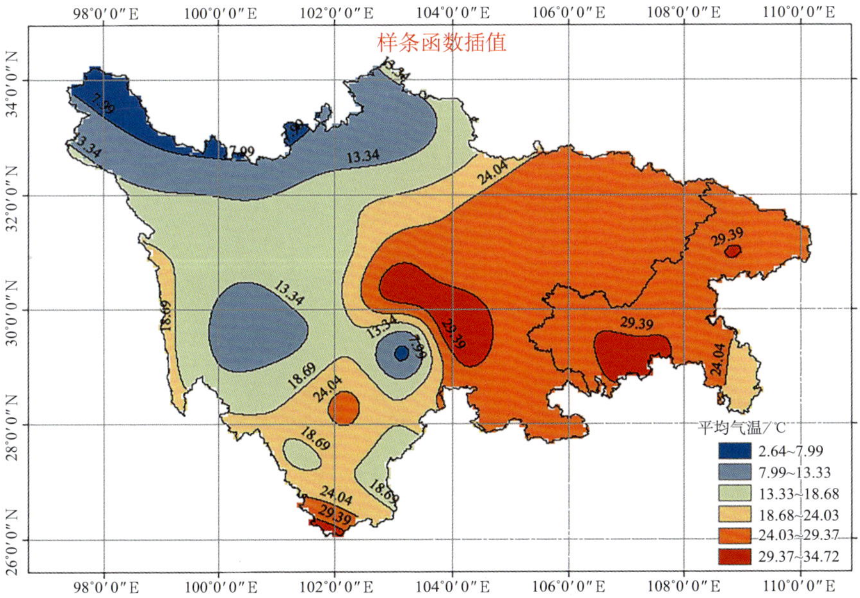

图 4.13 川渝站点平均气温要素的样条函数插值结果成图

4.2.6 实验后记

本实验中，我们使用了反距离权重、克里金及样条函数三种局部插值方法对站点数据进行了空间插值，且为比较不同插值方法的特点使用了相同的插值要素及相同的阴影分级设置。

从结果上看：在值域范围上，样条函数法的值域范围较之原始数据范围有所扩大，而克里金法和反距离权重法的值域范围较为接近原始数据；由于个别站点的数据值明显地高于或低于周边站点，因此，在反距离权重插值图上存在几处以个别站点为中心的小“鸭蛋”；在图形平滑度方面，克里金法更优一些。虽然不同插值方法得到的结果存在一定的细节差别，但总体的数据分布基本特征还是较为一致的。这些特征均符合前述中各个方法的特点，也说明在实际使用中，读者们需要根据插值数据的特点选择合适的方法，也需要在了解各种方法的基础上对参数进行一定的设置以达到预期结果。

站点数据插值是气象工作者常常需要做的工作，由于 ArcMap 中可以快捷地提取区域底图、多种插值工具的选择及方便的掩膜设置使得其在做这方面工作时具有一定的优势，因此，希望读者通过本次实验能对空间插值有较高熟悉度。

第 5 章 基于泰森多边形的邻域分析

5.1 邻域分析

邻域分析的范畴涵盖泰森多边形分析、缓冲区分析及栅格数据的邻域统计等。其中邻域统计以待计算栅格为中心，可计算其矩形、圆形、环形或楔形邻域范围内的一些统计指标，如最大值、最小值、均值和标准差等，与实验 2 中所介绍的单元统计有相似之处。缓冲区分析是按照设定的距离条件，围绕点、线或面要素形成的一定缓冲区多边形实体，从而实现数据在二维空间得以扩展的信息分析方法。

泰森多边形最初用于根据离散分布的气象站的降水量来计算平均降水量，由荷兰气象学家 A. H. Thiessen 提出。其原理是将所有相邻气象站连接成三角形，做这些三角形各边的垂直平分线，于是每个气象站周围的若干垂直平分线围成一个多边形，如图 4.1 和 5.1 所示。用这个多边形内所包含的一个唯一的气象站的降水强度来代表这个多边形区域的降水强度，并称这个多边形为泰森多边形。泰森多边形每个顶点是每个三角形的外接圆圆心。泰森多边形的特性是：每个泰森多边形内仅含有一个离散点数据；泰森多边形内的点到相

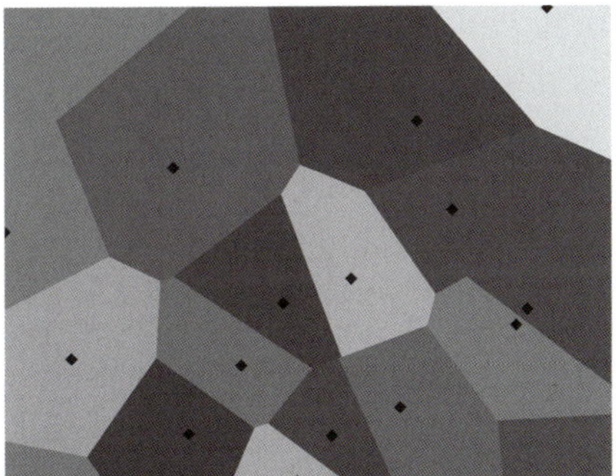

图 5.1 离散点的泰森多边形（汤国安 等，2017）

应离散点的距离最近；位于泰森多边形边上的点到其两边的离散点的距离相等（汤国安 等，2017）。在上一章节（4.1.2）的介绍中可知，泰森多边形可以作为一种插值方法使用，而在这一章节则介绍其作为邻域分析工具的使用方法。

5.2 实验 5 站点的泰森多边形邻域分析

5.2.1 实验目的

（1）熟悉离散点的泰森多边形生成流程。

（2）熟悉对数据做投影变换的意义及手段。

（3）熟悉矢量数据属性表中的计算分析。

5.2.2 实验数据

本实验数据取自实验 3 中提取出的京津冀地区站点和省（市）界数据：

（1）京津冀地区站点数据 Shapefile 文件，存于 ex05\JJJsta 下，包含京津冀地区 20 个站点的站号、经度、纬度、Adur、Wdurs、Ddurs、海拔、省份和站名共 9 项数据。其中 Wdurs、Ddurs 和 Adur 分别为气候平均的连续有雨时段平均连续天数、无雨时段平均连续天数和两个时段的总持续天数。

（2）京津冀地区省（市）界范围 Shapefile 文件，存于 ex05\JJJmap 下。

5.2.3 实验理论基础

1. 算术平均与面积加权平均

在气象上，基于台站资料计算某一区域某气象要素的区域平均时，通常采用算术平均的方法进行，即将所有站点的某一气象要素数值相加后除以站点数目得到该气象要素的区域平均值。这样的区域平均计算方法适用于站点分布密集且较为均匀的区域，而当目标区域站点稀少且分布不均匀时，则需要考虑站点权重，泰森多边形便是考虑站点权重计算区域平均值的方法。

对某区域的站点生成泰森多边形后，每个多边形内仅包含一个站点且多边形面积大小不一，此时用每个多边形面积除以区域总面积就可以得到每个多边形的面积权重，在计算时，每个多边形的面积权重乘以该多边形内站点的要素值再全部相加即可得到考虑面积权重的区域平均结果。

2. 地理坐标系、投影坐标系以及投影变换

（1）地理坐标系与投影坐标系

在 ArcGIS 中，存在地理坐标系统（Geographic Coordinate System，GCS）和投影坐标系统（Project Coordinate System，PCS）两种坐标系统，其中 GCS 是三维球面坐标系统，以经纬度为存储单位；而 PCS 是通过某种映射关系将三维球面坐标投影到二维的平面上的坐标系统，以米为存储单位。

地理坐标系统包含椭球体和基准面两个方面。所谓参考椭球体是指为了测量成果的计算和制图工作的需要，选用一个同大地体相近的，可以用数学方法来表达的旋转椭球体来代替地球。这个旋转椭球是一个椭球绕其短轴旋转而成，其表面成为旋转椭球面。参考椭球体定义了地球的形状，而基准面则描述了这个椭球中心距地心的关系。基准面是建立在选择的参考椭球体上的，且考虑到了当地复杂的地表情况。因为参考椭球体还是不能够很好地描述地球上每个地方的具体情况，可以理解为基准面就是参考椭球向某个地方的大地水准面逼近的结果，它与参考椭球是多对一的关系。这里的大地水准面是一个可供测量的表面，它基本与静止的海平面吻合，且处处与重力方向垂直。因为地球表面各个点的重力方向不同，因此，大地水准面是个不规则的椭球体。

椭球体有长轴 a（赤道半径）、短轴 b（极半径）和椭球扁率 $e=(a-b)/a$ 三个要素，如表 5.1 所示，不同的椭球体的参数存在一定的差别。

表 5.1　不同参考椭球体参数

椭球名称	年代	a/m	b/m	e
克拉索夫斯基椭球体	1940	6378245.000	6356863.019	1/298.3
IUGG 椭球体	1975	6378140.000	6356755.288	1/298.257
WGS-84 椭球体	1984	6378137.000	6356752.314	1/298.257224

为了更好地用参考椭球体拟合我国疆土，我国先后采用了两个拟合参数，即参照苏联从 1953 年起采用克拉索夫斯基（Krassovsky）椭球体建立的我国

的北京 54 坐标系（BJZ54）和 1978 年采用国际大地测量协会推荐的 1975 地球椭球体建立的我国新的大地坐标系——西安 80 坐标系，分别对应北京 54 基准面和西安 80 基准面。其他如全球定位系统（Global Positioning System，GPS）所使用的 WGS-84 坐标系是国际上使用较多的地理坐标系统，其采用的是 WGS-84 基准面和 WGS1984 椭球体。

投影坐标系统既包含球面坐标，又包含将球面坐标转换成平面坐标的过程，即投影方式，所谓地图投影是指在地球椭球面和平面之间建立点与点之间函数关系的数学方法，常见的投影方法有高斯－克吕格投影、横轴墨卡托投影和兰勃特投影等。在 ArcMap 中，若需计算某区域周长、面积等则必须在投影坐标系下。

（2）投影变换

有时不同来源的数据坐标系统不相同，或是为了计算需要对不同的数据进行投影变换来统一坐标系统。投影变换即是实现不同坐标系之间的转换，如 WGS-84 与 BJZ54 是两种不同的大地基准面、不同的参考椭球体，因而两种地图下，同一个点的坐标是不同的，无论是三度带六度带坐标还是经纬度坐标都是不同的。当要把 GPS 接收到的点（WGS-84 坐标系统的）叠加到 BJ54 坐标系统的底图上，那就会发现这些 GPS 点不能准确地在它该在的地方，即“与实际地点发生了偏移”。这就要求把这些 GPS 点从 WGS-84 的坐标系统转换成 BJZ54 的坐标系统了。在 **ArcToolbox—数据管理工具—投影和变换**中分别提供了针对矢量数据和栅格数据的投影变换工具。

需要注意的是，ArcMap 有动态投影功能，指的是改变 ArcMap 中的 Data Frame（工作区）的空间参考或是对后加入 ArcMap 工作区中数据的投影变换。ArcMap 的 Data Frame 的坐标系统默认为第一个加载到当前 Data Frame 的那个文件的坐标系统，后加入的数据，如果和当前工作区坐标系统不同，则 ArcMap 会自动做投影变换，把后加入的数据投影变换到当前坐标系统下显示，但此时数据文件所存储的实际数据坐标值并没有改变，只是显示形态上的变化，因此叫动态投影。

5.2.4 实验内容

（1）生成京津冀站点的泰森多边形。

（2）对数据进行投影变换。

（3）基于泰森多边形计算气象要素的加权平均值。

5.2.5　实验步骤

1. 生成京津冀站点的泰森多边形

第一步，生成泰森多边形。

首先，启动 ArcMap 添加 JJJsta.shp 和 JJJmap.shp 两个图层，并将站点符号设置为 10 号红色实心圆点，京津冀省（市）界范围中空显示。双击 **ArcToolbox—分析工具—邻域分析**下的**创建泰森多边形**，在弹窗中**输入要素**浏览选择 **JJJsta.shp**；**输出要素类**浏览选择 **ex05** 文件夹下的 **Ts1** 文件夹（需新建并改名），**保存类型**为**要素类**，**名称**为 **Ts1.shp**，单击**保存**返回创建泰森多边形弹窗；**输出字段**选择 **ALL**；在**环境**中设置**处理范围**为**与图层 JJJmap.shp 相同**—单击**确定**返回创建泰森多边形弹窗—再单击**确定**进入运算（图 5.2）。

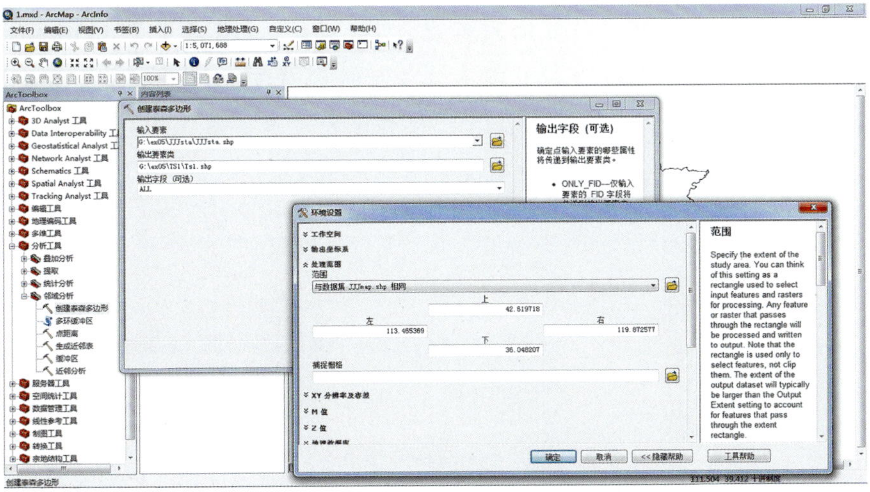

图 5.2　基于站点创建泰森多边形

运算完成后，ArcMap 自行添加泰森多边形图层 Ts1，可以看到在京津冀最大的经纬差的矩形范围（即京津冀地区省（市）界范围的最小经度至最大经度、最低纬度至最高纬度的范围，与上步中环境设置中选择 JJJmap 有关）内，分布了 20 个多边形，每个多边形内包含一个京津冀地区站点，表示站点的泰森多边形创建成功（图 5.3）。

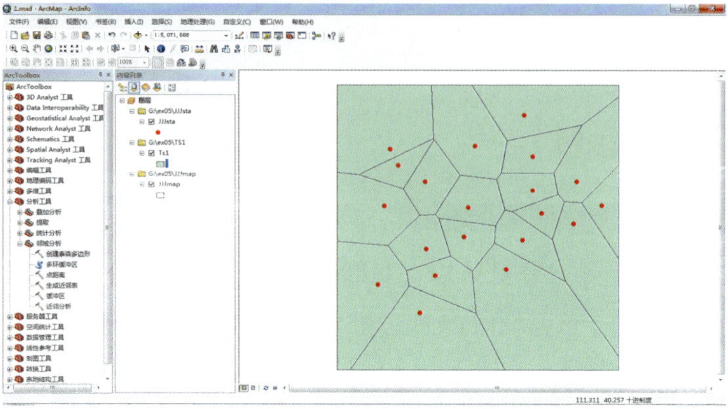

图 5.3　成功创建京津冀站点泰森多边形

第二步，完善泰森多边形。

泰森多边形图层是面状图层，每一个多边形都是一个面状要素。将泰森多边形图层中空显示后，发现部分多边形范围超出了京津冀地区省（市）界范围，可采用提取中的裁剪功能对其做处理。双击 **ArcToolbox—分析工具—提取**下的**裁剪**，在弹窗中设置**输入要素**为 **Ts1.shp**；**裁剪要素**为 **JJJmap.shp**，即基于京津冀省（市）界范围裁剪泰森多边形图层范围；**输出要素类**选择在 **ex05\Ts2** 文件夹（需新建并改名）下，**保存类型**为**要素类**，**名称**为 **Ts2.shp**—单击**保存**返回裁剪弹窗—单击**确定**进入运算（图 5.4）。

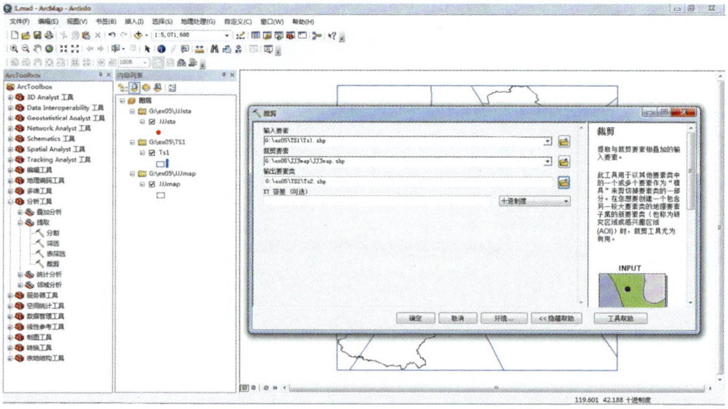

图 5.4　基于京津冀地区省（市）界范围提取泰森多边形图层

完成裁剪后 ArcMap 自行添加 Ts2 图层，此时移除 Ts1 图层后发现，新的泰森多边形图层 Ts2 不再包含京津冀地区省（市）界范围之外的区域（图

5.5)，表示裁剪成功。这里做裁剪的目的是使每个站点对应的多边形均在省(市)界范围之内，这样计算各个站点对应的多边形面积权重更为合理。

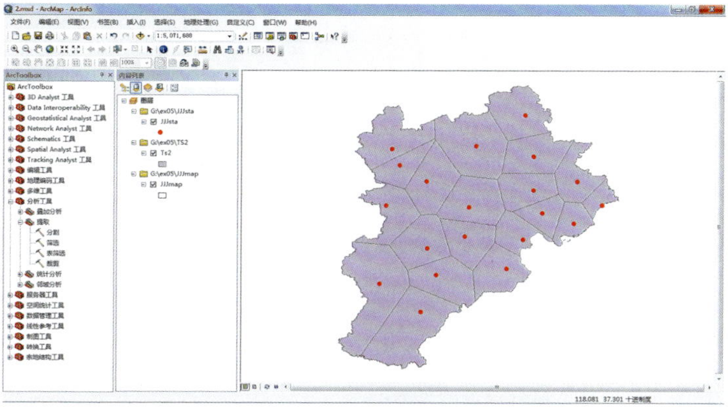

图 5.5　成功裁剪后的京津冀站点泰森多边形

2. 对数据进行投影变换

第一步，检查面积计算功能是否可用。

在完成上述操作后，已经获得了每个站点对应的泰森多边形，可以尝试计算每个多边形的面积。右击图层名 **Ts2** 并打开其**属性表**，右击任意**字段名**控件，在弹窗中选择**计算几何**，这时发现计算几何的**属性**的下拉菜单中，**面积**计算功能无法使用(图 5.6)，这是因为 Ts2 图层的坐标系统不是投影坐标系(可在其**图层属性—源**中看到 Ts2 图层的坐标系统为 GCS_WGS_1984，是地理坐标系)，无法进行面积量算，因此，需要对该图层做投影变换。

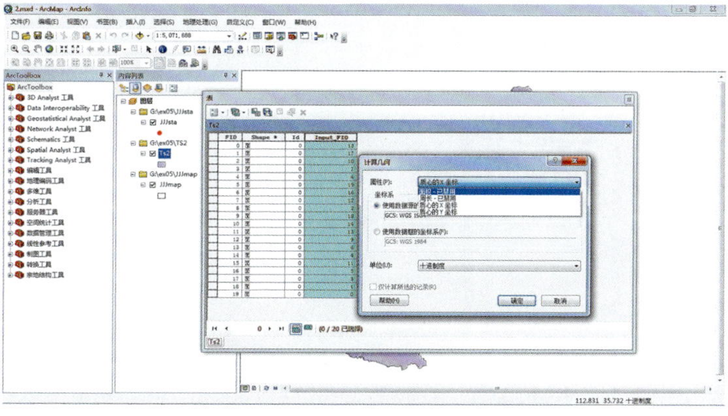

图 5.6　检查计算几何中的面积计算功能的可用性

第二步，对泰森多边形图层进行投影。

在 **ArcToolbox**—**数据管理工具**—**投影和变换**下—**要素**下，双击**投影**，在弹窗中设置**输入数据集或要素类**为 **Ts2.shp**；**输出数据集或要素类**保存在 **ex05\Ts3** 文件夹（需新建并改名）之下，**保存类型**为**地理数据集**，**名称**为 **Ts3.shp**，单击**保存**返回投影设置弹窗；**输出坐标系**处，单击右侧控件进入**空间参考属性**弹窗—单击**选择**—双击 **Projected Coordinate Systems**—双击 **Continental**—双击 **Asia**—单击 **Asia Lambert Conformal Conic.prj**—单击**添加**—单击**应用**—单击**确定**后返回投影设置弹窗—再单击**确定**进入运算（图 5.7）。

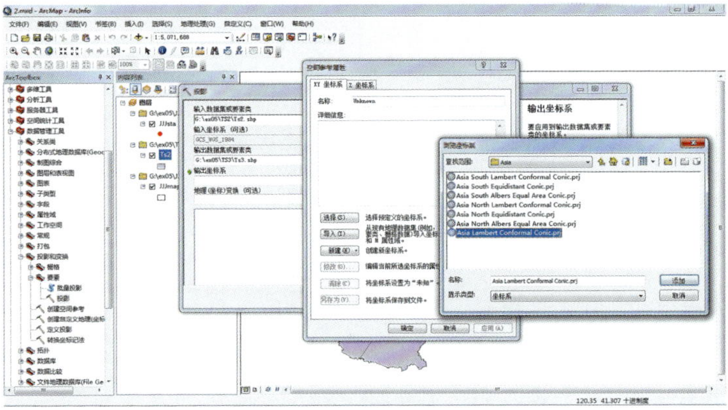

图 5.7　对矢量数据图层 Ts2 进行投影变换

运算完成后，ArcMap 自行添加新图层 Ts3.shp，此时检查其图层属性，在源中可以看到其已具备投影坐标系（图 5.8），为 Asia_Lambert_Conformal_

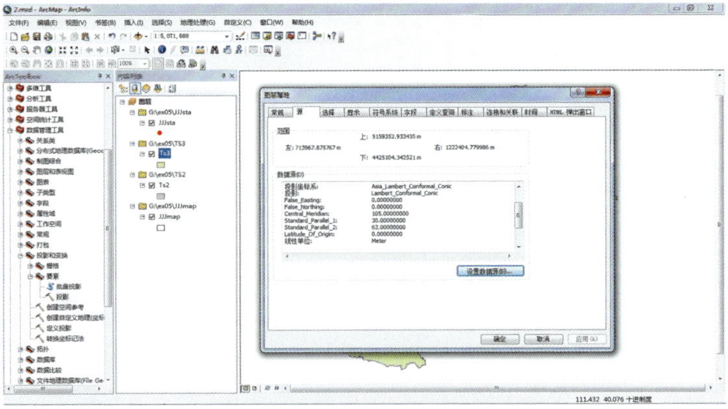

图 5.8　检查图层 Ts3.shp 的坐标系统

Conic，即兰勃特等角割圆锥投影，这时再在其属性表中检查，发现计算几何中的面积功能已可用。

3. 基于泰森多边形计算气象要素的区域平均值

第一步，计算多边形面积权重。

完成泰森多边形的创建、裁剪及投影变换后可进入权重计算环节。首先关闭并重启 ArcMap，依次添加 **Ts3.shp**、**JJJsta.shp** 和 **JJJmap.shp** 三个图层，此时发现地图形状较之前存在一定程度的变形（图 5.9），这是投影坐标系统数据图层的特点，这里同样的可以更改站点（10 号红色实心圆）及省（市）界（中空）的显示效果。

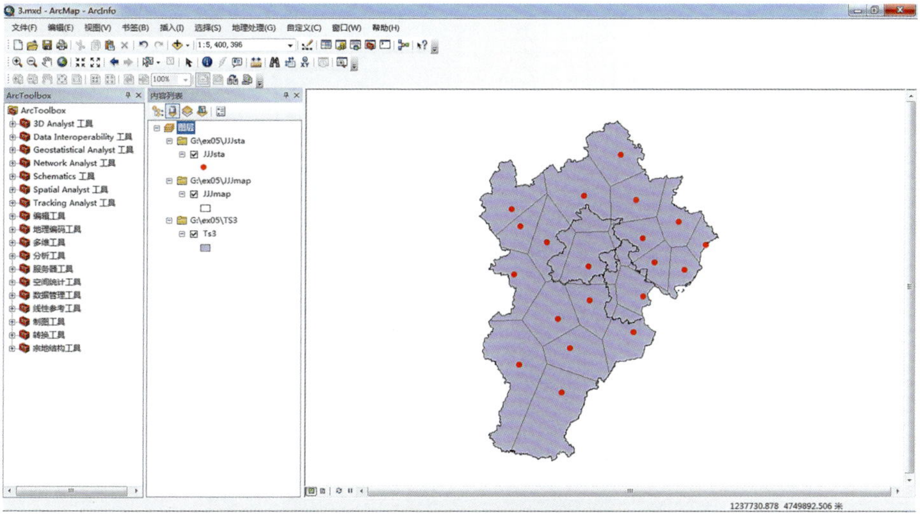

图 5.9　投影坐标系下的京津冀站点、省（市）界及泰森多边形

接下来，右击图层 **Ts3**—**打开属性表**—单击**表选项**—单击**添加字段**，在弹窗中**名称**键入 **area**，**类型**下拉选择**浮点型**，**字段属性**中精度键入 8，比例键入 3，表示小数点后保留 3 位，单击**确定**后属性表中出现了 **area** 列，其中的数据暂时为 0（图 5.10 和图 5.11）。

继续右击 **area** 控件—单击**计算几何**，在弹窗中设置**属性**项为**面积**，**坐标系**选中**使用数据源的坐标系**，**单位**下拉选择**平方千米**，单击**确定**，此时各个泰森多边形的面积已计算并保存在了 Ts3 图层的属性表中，再右击 **area** 控件，在其弹窗中单击**统计**，可查看 20 个多边形的面积之和（图 5.12）。

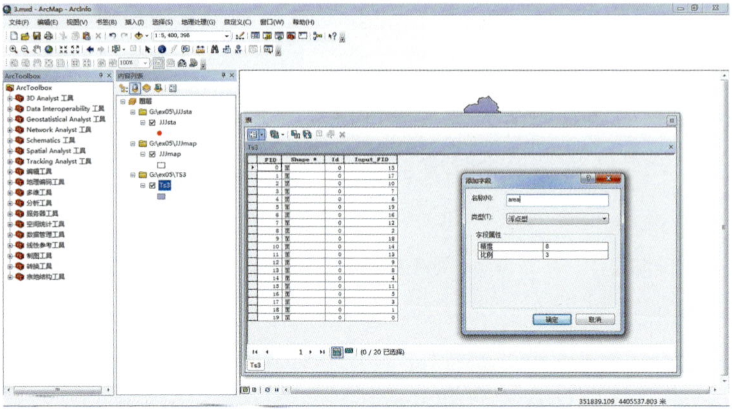

图 5.10　在 Ts3 图层的属性表中添加面积 area 字段

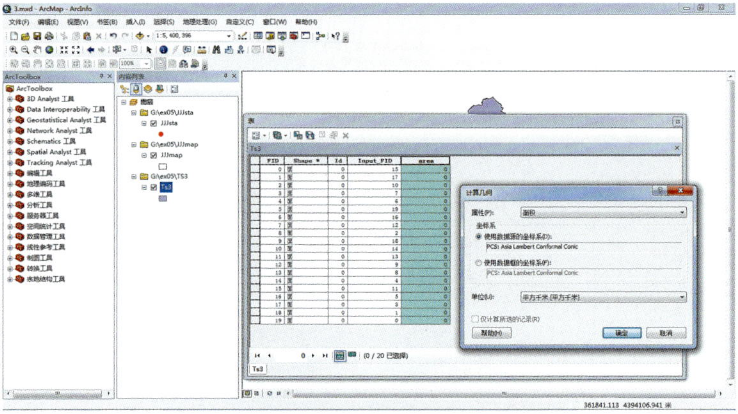

图 5.11　在计算几何中进行面积计算

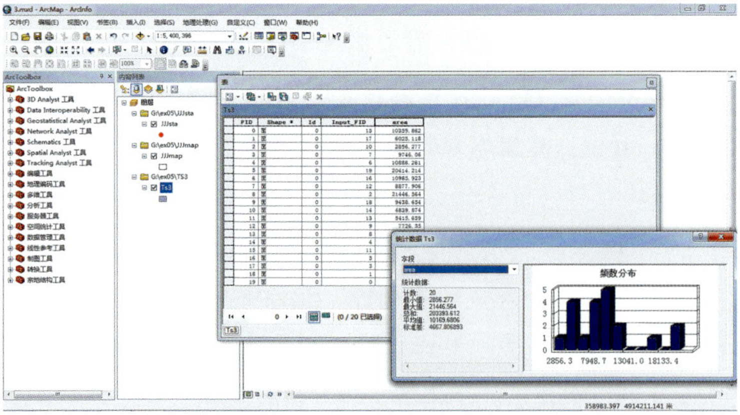

图 5.12　京津冀地区 20 个泰森多边形的面积统计

最后，计算各个多边形的面积权重，这里定义为每个多边形的面积除以 20 个多边形的总面积。复制统计数据弹窗中的总和项的数值后关闭弹窗—添加权重字段 **weight**，类型为**浮点型**、**精度为 9**，**比例为 3**—添加字段成功后，右击 **weight** 控件—单击**字段计算器**，通过双击计算器按键及键盘操作的方式在**代码**栏中输入语句 **[area] /203393.612**（即复制的 20 个多边形面积总和数值），单击**确定**（图 5.13）。

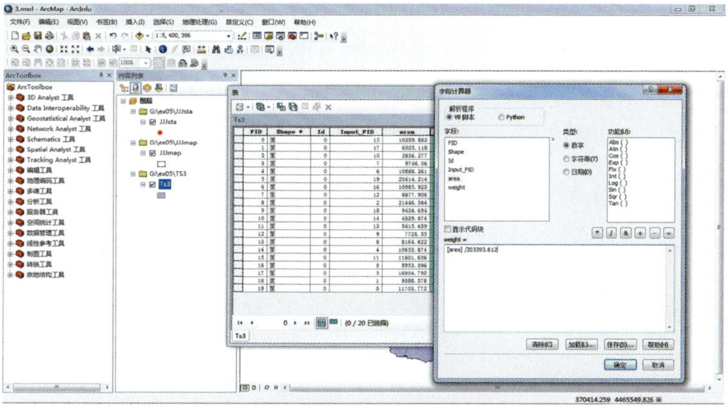

图 5.13　使用字段计算器计算面积权重

完成计算后，weight 项中出现各个多边形的面积权重，此时读者可以用某一个多边形的面积除以总面积做验证，以查看 weight 项中的计算结果是否准确。还可查看 weight 字段的数据统计结果，理论上权重的总和应当为 1（图 5.14），检查无误后可进入下一步。

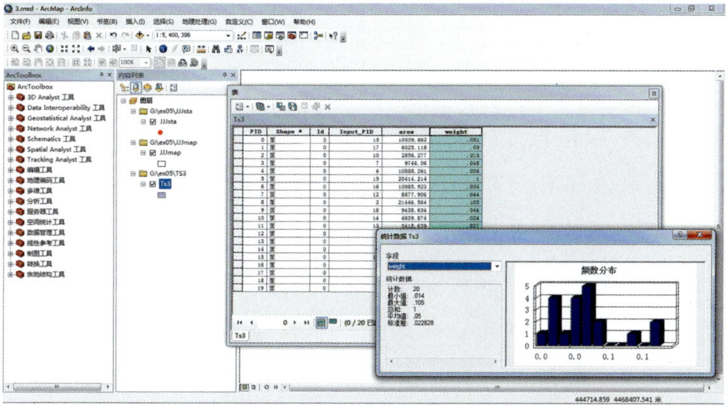

图 5.14　京津冀地区 20 个泰森多边形的权重统计

第二步，对泰森多边形图层和站点图层做空间连接。

上述的操作已经获得了每个泰森多边形的面积权重，为了计算方便，可使用实验 2 中所介绍的叠加分析中的空间连接功能将站点数据属性传递到泰森多边形图层。

在 **ArcToolbox—分析工具—叠加分析**中，双击**空间连接**，在弹窗中做如下设置：①**目标要素**浏览选择 **Ts3.shp**，**连接要素**浏览选择 **JJJsta.shp**；②**输出要素类**浏览选择到 **ex05\Ts5** 文件夹（需新建并改名）下，**保存类型**为**要素类**，**名称**为 **Ts4.shp**；③**连接操作**，下拉选择 **JOIN_ONE_TO_ONE**，并勾选**保留所有目标要素**；④**匹配选项**，下拉选择 **CONTAINS**—单击**确定**进入运算。运算完成后，ArcMap 自动添加图层 Ts4.shp，其仍然是包含 20 个泰森多边形的面状图层，此时打开其属性表查看发现，不仅包含泰森多边形 Ts3 中的全部属性字段，还包含了京津冀站点数据的全部属性字段，表示空间连接成功（图 5.15 和图 5.16）。

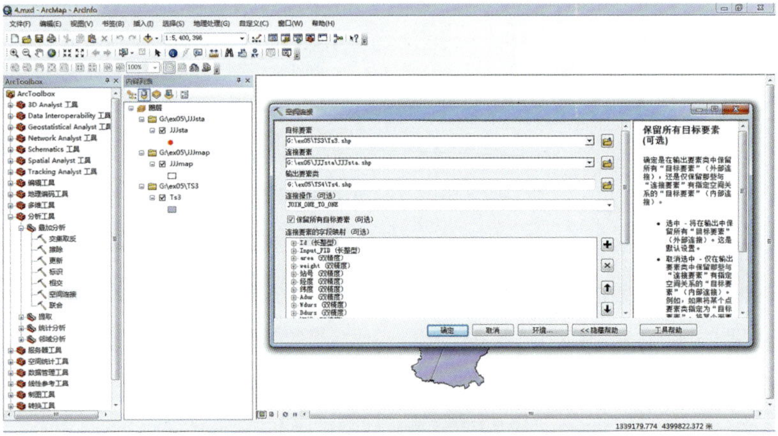

图 5.15　对 Ts3 和 JJJsta 两个图层做空间连接

第三步，计算算术平均和面积加权平均。

此时计算算术平均和面积加权平均的准备工作均已完成，这里以京津冀站点的海拔高度为例，首先是 20 个站点海拔的算术平均，只需右击**属性表**中的**海拔**控件—再单击**统计**即可在弹窗中查看到其平均值为 298.655。面积加权平均则需要进一步计算，具体为：**表选项—添加字段**—设置**名称**为 **mean**；**类型**为**浮点型**；**精度 8**，**比例 3**—单击**确定**返回属性表—右击 **mean** 控件—**字段计算器**—输入语句 **[海拔] * [weight]**—单击**确定**返回属性表。此时每个多边形的

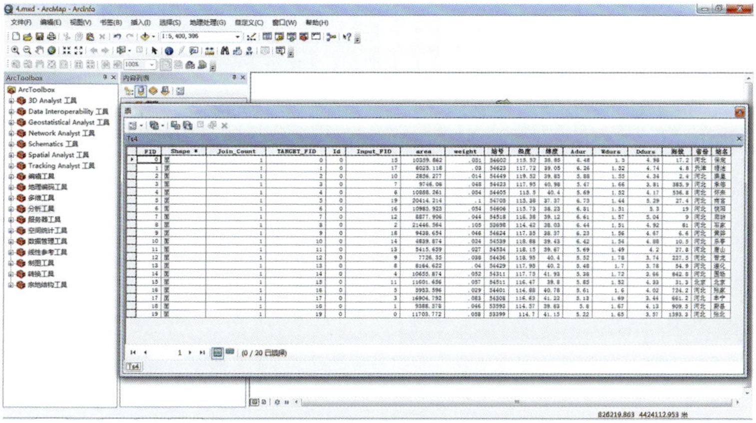

图 5.16　空间连接成功后的 Ts4 图层属性表

海拔与多边形面积权重的乘积已计算存储在了字段 mean 中，右击 mean 控件，再单击统计可查看其总和为 317.52，即 20 个站点海拔高度的面积加权平均值。比较这两个数值可见，算术平均与面积加权平均数值接近但不相同。

我们可以以标注的形式给出每个站点的 mean 值，再添加经纬网及图题，最后保存 ArcMap 文档并导出地图（图 5.17）。

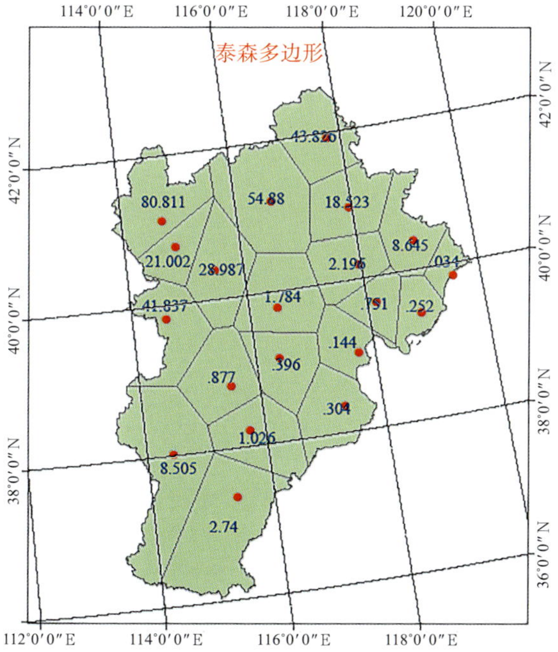

图 5.17　京津冀站点泰森多边形成图

5.2.6 实验后记

本次实验针对邻域分析中的泰森多边形分析做了讨论，涉及创建泰森多边形、提取分析、投影变换、空间连接及属性表计算等。其中，提取分析和空间连接内容在前述章节中已有讨论，这里的应用能够加深对它们的理解。而创建泰森多边形、投影变换、在属性表中添加字段并做一些统计和计算是新内容。通过本次实验，希望读者能对上述内容有较好的认识，尤其对投影变换、提取分析和属性表操作等需有较高的熟练度。以泰森多边形为基础计算站点数据区域平均虽然比算术平均稍显复杂，但在一些情况中有着重要的作用，亦需要读者对其原理及应用有较深的理解。

此外，通过本次实验，留下几个问题供读者思考：①实验中演示了矢量数据的投影变换，那么在整个实验过程中，ArcMap 是否对数据进行过动态投影？②实验中的将点连接到面的空间连接方式是否是后续计算的唯一可选方式，将面连接到点是否可行？③为何图 5.17 中的经纬网格不是标准的矩形，是什么原因造成的？

第6章 基于缓冲区的台风影响分析

6.1 缓冲区分析

在气候变暖背景下，全球范围内台风强度增加，造成的影响加大。在我国东部地区，许多破纪录的极端强降水都与台风活动有关联，因此，长期以来，台风的生、消机制和移动路径、台风（降水）预测等方面都是气象工作者的研究和工作重点。台风不仅能在其控制区和邻近地区产生台风雨带，还能够通过与大尺度环流系统的相互作用而影响到远距离地区的降水。本章将台风影响范围的问题，抽象地看作是矢量要素的缓冲区问题，基于 GIS 的缓冲区分析理念及相关工具，以台风“利奇马”为个例，分析台风的影响范围。

所谓缓冲区分析是根据地理信息数据库中的点、线、面地理实体或规划目标，自动建立其周围一定宽度范围的缓冲区多边形，即邻近度（Proximity）问题（汤国安，2019）。交通沿线或河流沿线的地物有其独特的重要性，公共设施（商场、邮局、银行、医院、车站、学校等）的服务半径，大型水库建设引起的搬迁，铁路、公路及航运河道对其所穿过区域经济发展的重要性等，均是一个邻近度问题。

缓冲区主要有三类情况：基于点要素的缓冲区、基于线要素的缓冲区和基于面要素的多边形边界的缓冲区（图 6.1）。

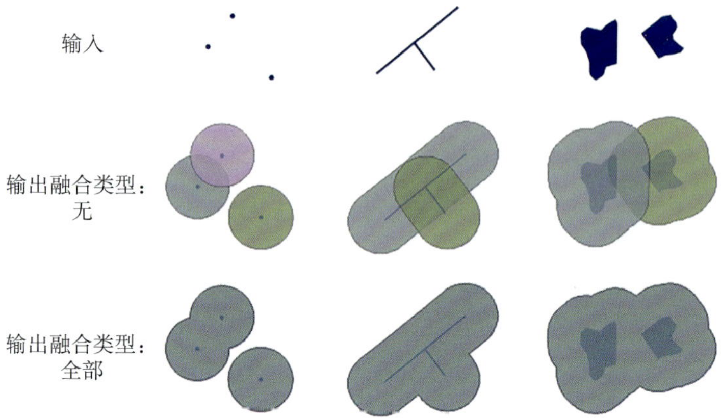

图 6.1　点、线、面要素的缓冲区示意图

6.2　实验 6　台风路径及其影响分析

6.2.1　实验目的

（1）加深对缓冲区分析基本原理、方法的认识。

（2）熟练掌握制图创建缓冲区技术方法。

（3）掌握基于 ArcGIS 对台风路径及其影响范围的可视化方法。

6.2.2　实验数据

（1）中国国界线数据，存于 ex06\China 下，为 Shapefile 文件。

（2）中国东部地区 249 个站点的位置数据，存于 ex06\East 下，为 Shapefile 文件。

（3）台风数据：2019 年 9 号台风“利奇马”的最佳路径资料，存于 ex06 文件夹下名为 LEKIMA 的 Excel 表格中。各项数据按列存放，依次为观测日期、观测时间、强度等级、纬度、经度、中心气压和风速。该数据取自中国气象局热带气旋资料中心。

6.2.3　实验理论基础

1. 台风路径缓冲区分析模型

依据台风的连续观测数据，通过对数据的加密插值，并利用空间分析中缓冲区、融合和空间叠加的方法，构建台风路径影响区域的模型。台风路径图及其缓冲区分析是基于线要素的缓冲区（图 6.2）。

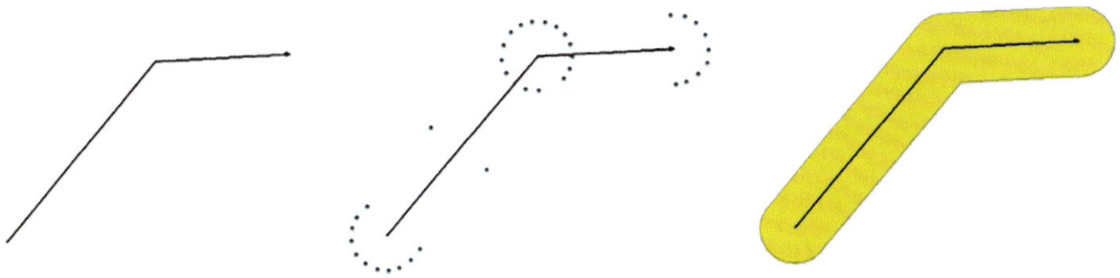

图 6.2　线要素缓冲区原理图

2. 缓冲区语法

in_features：要进行缓冲的输入点、线或面要素。

out_feature_class：包含输出缓冲区的要素类。

buffer_distance_or_field：与要缓冲的输入要素之间的距离。该距离可以用表示线性距离的某个值来指定，也可以用输入要素中的某个字段（包含用来对每个要素进行缓冲的距离）来指定。如果未指定线性单位或输入了“未知”，则将使用输入要素空间参考的线性单位。

指定距离时，如果所需线性单位含有两个单词，如 Decimal Degrees，请将两个单词合并成一个词（如 20 DecimalDegrees）。

line_side（可选）：指定将在输入要素的哪一侧进行缓冲。**FULL**——对于线输入要素，将在线两侧生成缓冲区；对于面输入要素，将在面周围生成缓冲区，并且这些缓冲区将包含并叠加输入要素的区域；对于点输入要素，将在点周围生成缓冲区。这是默认设置。**LEFT**——对于线输入要素，将在线的拓扑左侧生成缓冲区。此选项对于面输入要素无效。**RIGHT**——对于线输入要素，将在线的拓扑右侧生成缓冲区。此选项对于面输入要素无效。**OUTSIDE_ONLY**——对于面输入要素，仅在输入面的外部生成缓冲区（输入面内部的区域将在输出缓冲区中被擦除）。此选项对于线输入要素无效。注意：此可选参数不适用于 Desktop Basic 或 Desktop Standard 许可。

line_end_type（可选）：指定线输入要素末端的缓冲区形状。此参数对于面输入要素无效。**ROUND**——缓冲区的末端为圆形，即半圆形。这是默认设置。**FLAT**——缓冲区的末端很平整或者为方形，并且在输入线要素的端点处终止。注意：此可选参数不适用于 Desktop Basic 或 Desktop Standard 许可。

method（可选）：指定用于创建缓冲区的方法是平面方法还是测地线方法。**PLANAR**——如果输入要素位于投影坐标系中，则将创建欧氏缓冲区。如果输入要素位于地理坐标系中且缓冲距离的单位为线性单位（米、英尺①等，而非诸如度之类的角度单位），则会创建测地线缓冲区。这是默认设置。可以使用输出坐标系环境设置指定要使用的坐标系。例如，如果输入要素位于投影坐标系中，可以将环境设置为地理坐标系，以便创建测地线缓冲区。**GEODESIC**——无论使用哪种输入坐标系，均使用形状不变的测地线缓冲区方法创建所有缓冲区。

dissolve_type（可选）：指定移除缓冲区重叠要执行的融合类型。**NONE**——不考虑重叠，均保持每个要素的独立缓冲区。这是默认设置。**ALL**——将所有缓冲区融合为单个要素，从而移除所有重叠。**LIST**——融合共享所列字段（传递自输入要素）属性值的所有缓冲区。

dissolve_field(s)（可选）：融合输出缓冲区所依据的输入要素的字段列表。融合共享所列字段（传递自输入要素）属性值的所有缓冲区。

6.2.4 实验内容

（1）对台风“利奇马”路径进行可视化。

（2）分析台风“利奇马”的影响范围。

6.2.5 实验步骤

1. 绘制台风“利奇马”路径图

首先，基于 Excel 表格 LEKIMA 生成包含台风“利奇马”路径的文本文件，再基于 ArcCatalog 将其创建为矢量数据，并保存在 Lekima 文件夹下

① 1 英尺 = 0.3048 m。

（图 6.3）。

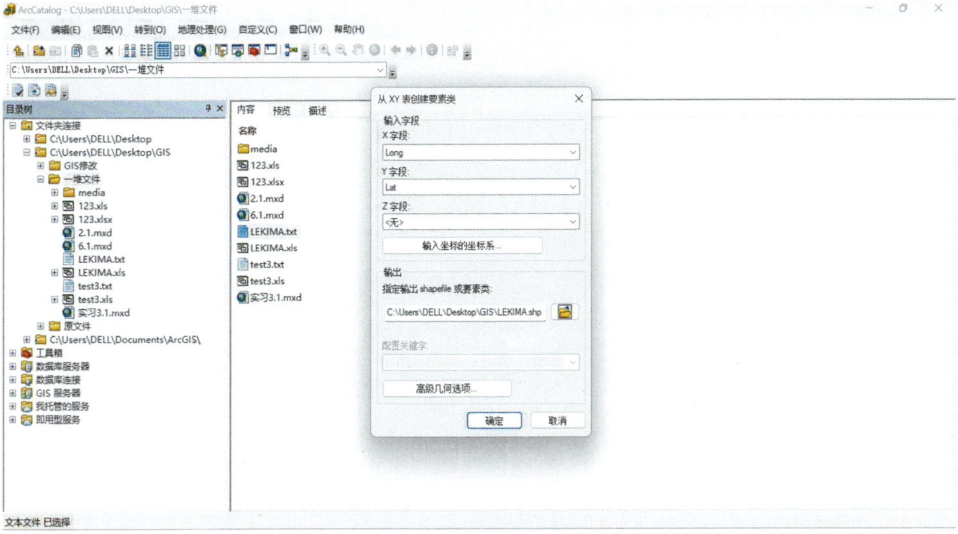

图 6.3　基于台风最佳路径资料创建台风路径矢量数据

完成上步后关闭 ArcCatalog，启动 ArcMap，并选择 **Asia 模板**（新建地图—模板—Traditional Layouts—World—Asia），之后将 Cities、Geogrid 两个图层移除，并在坐标框属性中**不显示线或刻度**（图 6.4）。

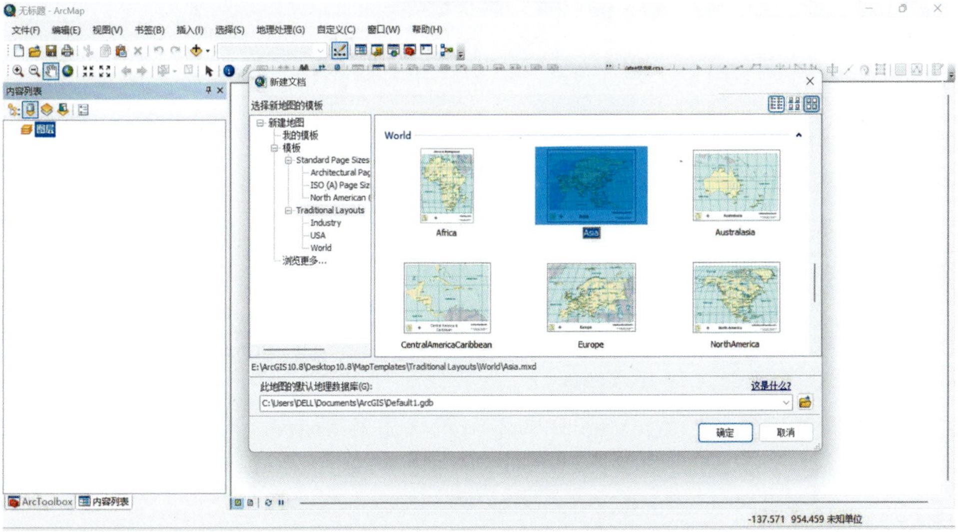

图 6.4　添加亚洲范围地理底图模板

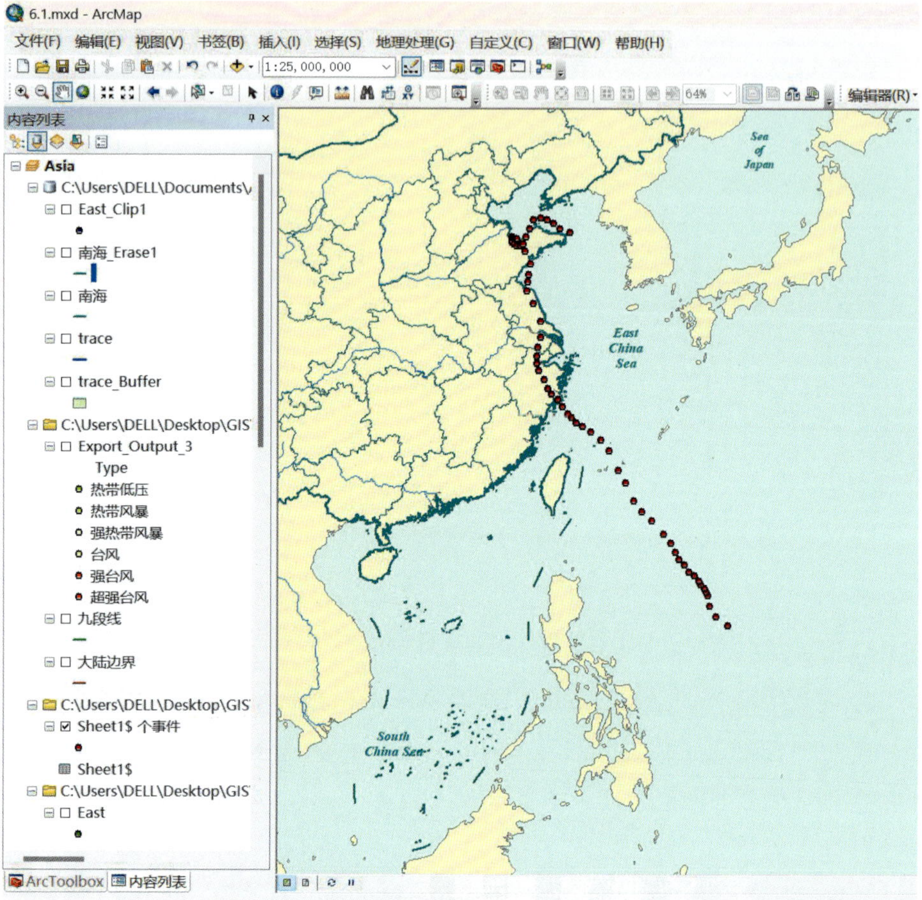

图 6.5　添加台风“利奇马”移动路径矢量数据

其次，添加台风“利奇马”移动路径，结果如图 6.5 所示。

由于此时台风路径数据在图层上显示的是各观测时间点的位置，是一串间断的点，因此，我们先将各点连接起来形成一条连续的路径线。打开 **ArcToolbox—数据管理工具—要素—点集转线**，双击，弹出点集转线设置界面。在弹窗中做如下设置：**输入要素**下拉选择 **Lekima**；**输出要素类**为 **Trace.shp**（保存在新建的文件夹 **Trace** 下），其他选项暂空，单击**确定**完成设置。

点集转线完成后，ArcMap 自动添加线状图层 **Trace**，即为台风“利奇马”的路径（图 6.6 和图 6.7）。

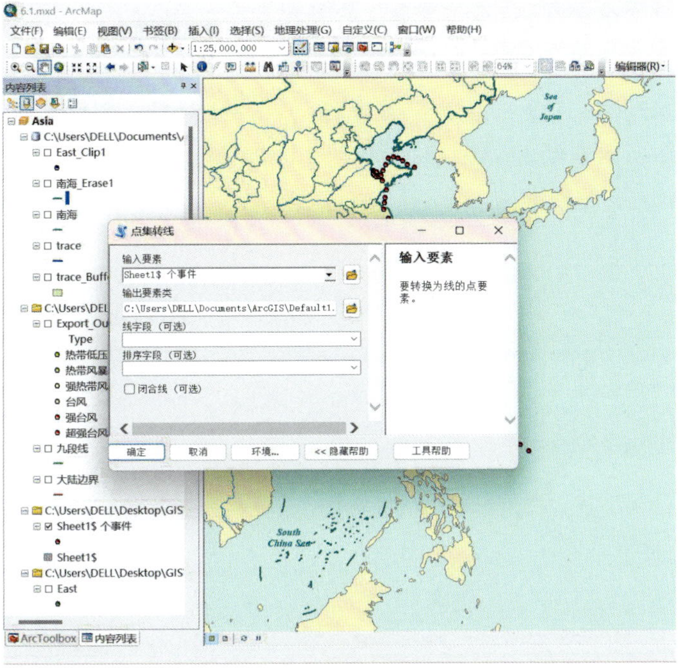

图 6.6　基于点集转线将台风“利奇马”路径点数据转为线数据

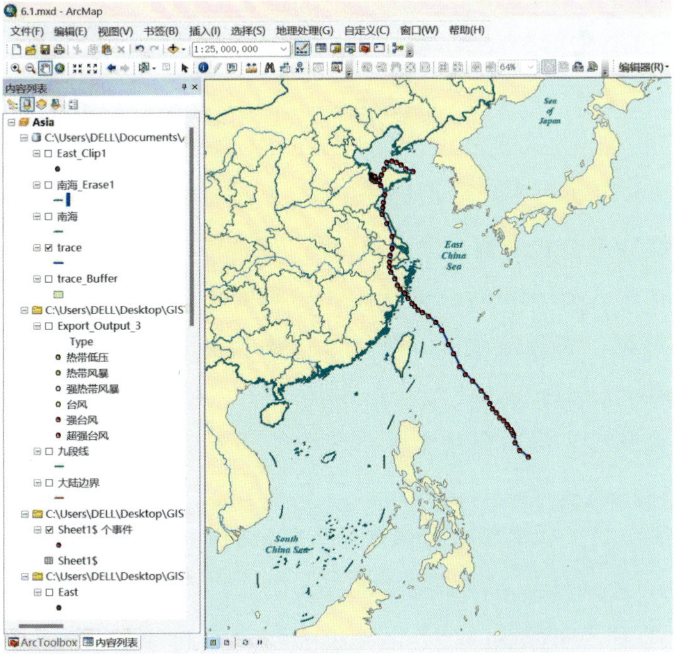

图 6.7　添加台风“利奇马”路径线数据

进一步，为考察台风“利奇马”的强度变化，可对Lekima图层中的点进行分级色彩显示。双击图层**Lekima—符号系统—数量—分级符号—值字段**选择**Type**，进行相应设置（分成6个级别，不同级别用不同的颜色，符号大小均为3，标注按照热带气旋等级说明修改），完成后修改图例（图例项只保留Lekima），最终可获得并导出台风“利奇马”路径图（图6.8）。

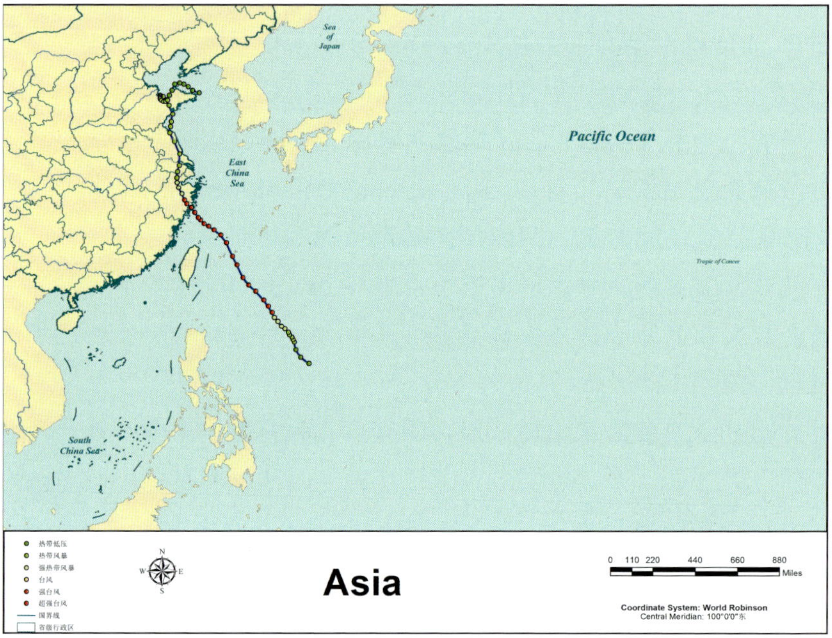

图 6.8　台风“利奇马”的移动路径及其在不同时刻的强度变化示意

2. 基于缓冲区分析考察台风“利奇马”影响范围

首先，打开**ArcToolbox—分析工具—邻域分析—缓冲区**，双击，弹出建立缓冲区对话框。在弹窗中做如下设置：**输入要素**为线状图层**Trace**，**输出要素类**为**buffer**（保存在新建文件夹Buffer下），**距离**为**线性单位**，**500千米**，其余选项默认即可（线图层建立缓冲区的过程中可以选择缓冲区的位置，在**侧类型**中可以选择缓冲区在线的左侧、右侧还是双侧，**末端类型**可以选择末端是圆形还是方形，这里默认的**侧类型**为两侧的**full**，末端为圆形的**round**形成的缓冲区），完成设置后单击**确定**进入处理。

处理完成后，ArcMap自动添加台风影响范围buffer图层，如图6.9和图6.10所示。

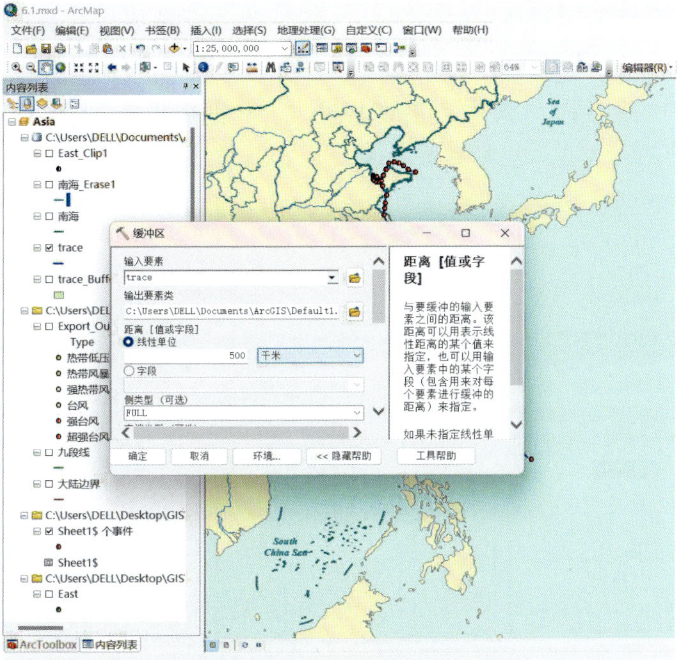

图 6.9　以 500 km 的固定距离设置线要素缓冲区

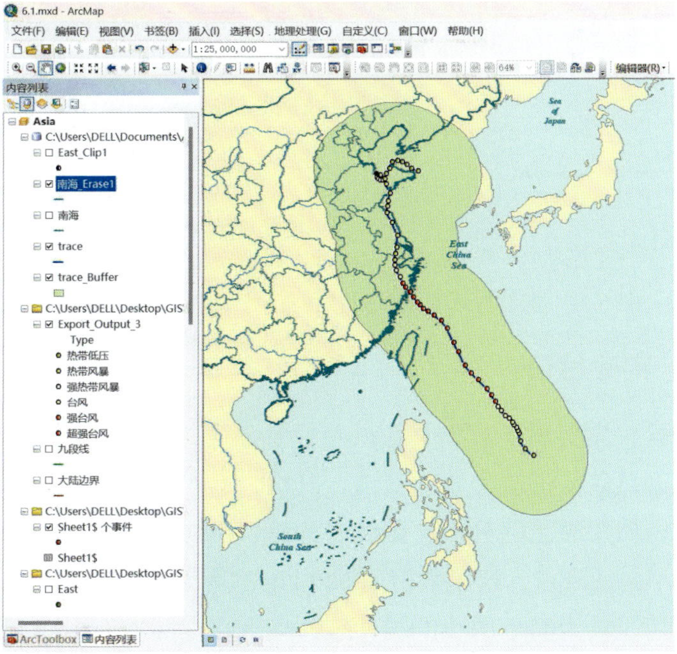

图 6.10　添加台风“利奇马”路径 500 km 固定距离缓冲区图层

其次，考察东部地区中受到台风“利奇马”影响的站点，这里采用提取分析方法。在 ArcToolbox—**分析工具**—**提取分析**下双击**裁剪**，在弹窗中设置：**输入要素**为 East，**裁剪要素**为 buffer，**输出要素类**为 Afct.shp（保存于新建文件夹 Afct 下）。单击**确定**进入处理，最终东部地区站点中有 121 个站点受到了台风“利奇马”的影响（图 6.11）。

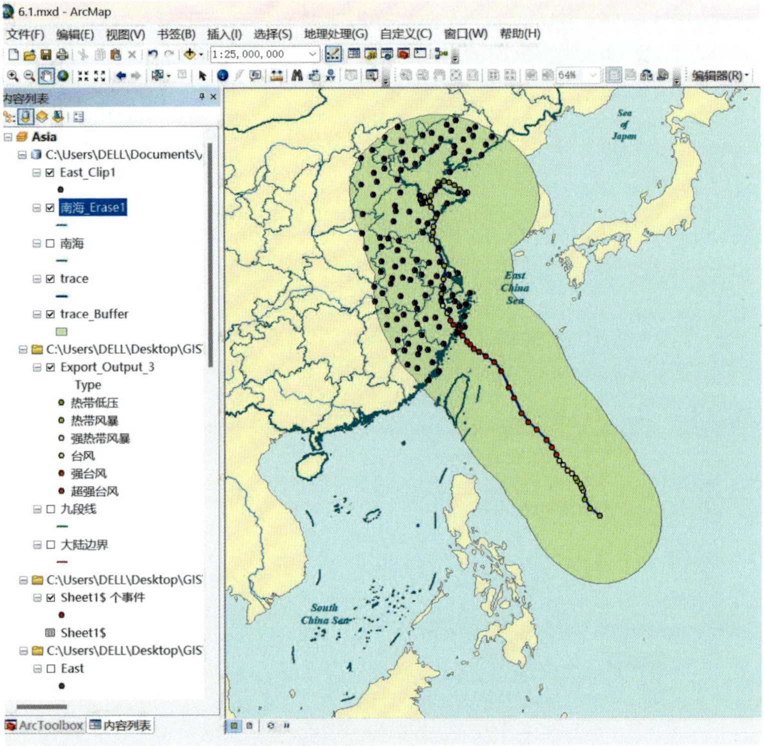

图 6.11　东部地区受到台风“利奇马”影响的站点分布图

6.2.6　实验后记

本次实验首先实现了对单个台风路径及强度的可视化显示，可见在 GIS 平台上绘制台风路径的流程较为简洁。其次，本实验亦基于缓冲区方法对台风的影响范围做了简单的分析，要说明的是，不同气象工作者对台风影响范围的界定有不同的观点，这里采用了 500 km 的固定圆方法。最后，在生成缓冲区时，采用了较为简单的线的缓冲区，读者在实际工作中亦可采用点的缓冲区，并且根据不同台风强度等级设置成不同的影响范围。

第 7 章 基于 DEM 的暴雨 - 淹没分析

7.1 GIS 水文分析

强降水所引发的大范围洪涝灾害在我国时有发生，对国民经济和人们生产生活构成威胁。基于历史气象和水文资料，建立降水和洪水水位之间的函数关系，在 GIS 平台上，可进行流域提取、淹没范围分析、洪涝灾害风险评估等工作，对防灾减灾、水资源开发利用及重要工程规划设计均具有指导意义。

GIS 平台上的水文分析是以 DEM 数据为支撑的。基于 DEM 能够分析获取流域范围，生成水流网络，可用于研究与地表水流有关的各种自然现象，如洪水水位及泛滥情况。基于 DEM 的地表水文分析的主要内容是利用水文分析工具提取地表水流径流模型的水流方向、汇流累积量、水流长度、河流网络（包括河流网络的分级等）及对研究区的流域进行分割等。通过对这些基本水文因子的提取和基本水文分析，可以在 DEM 表面之上再现水流的流动过程，最终完成水文分析过程（汤国安 等，2017）。ArcGIS 将这些分析工具集合到了 ArcToolbox 里的水文分析模块下，如图 7.1 所示。

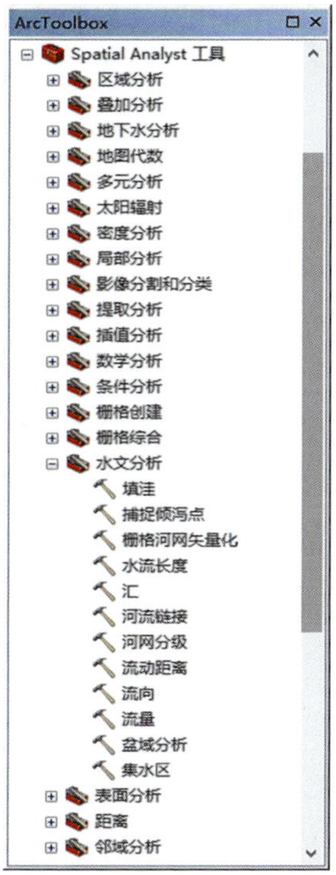

图 7.1 ArcToolbox 中的水文分析模块

本章将在介绍主要的水文分析工具基础上，完成对重庆北部地区暴雨－淹没范围的初步分析。

7.2 实验 7 渝北地区暴雨－淹没范围分析

7.2.1 实验目的

（1）掌握 ArcGIS 水文分析模块的应用。

（2）掌握基于 DEM 的流域河网的提取流程。

（3）熟悉暴雨－淹没区域面积的基本计算流程。

7.2.2 实验数据

（1）矢量数据：重庆市行政范围的 Shapefile 文件，存于 ex07\CQmap 下；重庆市主要河流的 Shapefile 文件，存于 ex07\CQriver 下。

（2）栅格数据：重庆北部地区 100 m × 100 m 分辨率 DEM 数据，存于 ex07\dem100 下。

7.2.3 实验理论基础（汤国安 等，2017）

1. 无洼地 DEM 生成

DEM 是比较光滑的地形表面的模拟，但是由于 DEM 误差及一些真实地形（如喀斯特地貌）的存在，使得 DEM 表面存在着一些凹陷的区域。在进行水流方向计算时，由于这些区域的存在，往往得到不合理的甚至错误的水流方向。因此，应该首先对原始的 DEM 数据进行洼地填充，得到无洼地的 DEM。

洼地填充的基本过程是先利用水流方向数据计算出 DEM 数据中的洼地区域，并计算其洼地深度，然后，依据这些洼地深度设定填充阈值进行洼地填充。

2. 水流方向提取

对于每一个格网，水流方向是指水流离开此格网时的指向。在 ArcGIS

中，通过将中心栅格的 8 个邻域栅格编码（图 7.2），中心栅格的水流方向便可由其中的某一值来确定。例如，若中心栅格的水流流向左边，则其水流方向被赋值为 16。方向值以 2 的幂值指定是因为存在格网水流方向不能确定的情况，此时需将数个方向值相加，这样在后续处理中从相加结果便可以确定相加时中心格网的邻域格网情况。

32	6	12
16		1
8	4	2

图 7.2　水流流向编码

ArcGIS 中，水流方向采用 D8 算法，即通过计算中心栅格与邻域栅格的最大距离权落差来确定。距离权落差是指中心栅格与邻域栅格的高程差除以两栅格间的距离，栅格间的距离与方向有关，如果栅格的防线值为 2、8、32、128，则栅格间的距离为$\sqrt{2}$倍的栅格大小，否则距离为 1。

3. 汇流累积量

在地表径流模拟过程中，汇流累积量是基于水流方向数据计算得到的。汇流累积量的基本思想是：以规则格网表示的数字地面高程模型每点处有一个单位的水量，按照自然水流从高处流往低处的自然规律，根据区域地形的水流方向数据计算每点处所流过的水量数值，便得到了该区域的汇流累积量。

4. 河网的提取

提取地表水流网络是 DEM 水文分析的主要内容之一。目前河网提取方法主要采用地表径流漫流模型：首先，在无洼地 DEM 上利用最大坡降法得到每一个栅格的水流方向；其次，依据自然水流由高处往低处的自然规律，计算出每一个栅格在水流方向上累积的栅格数，即汇流累积量。假设每一个栅格携带一份水流，那么栅格的汇流累积量就代表该栅格的水流量。基于上述思路，当汇流量达到一定值的时候，就会产生地表水流，所有汇流量大于临界值的栅格就是潜在的水流路径，由这些水流路径构成的网络就是河网。

5. 流域盆地的确定

流域又称集水区域，是指流经其中的水流和其他物质从一个公共的出水口排出从而形成的一个集中的排水区域，也可用流域盆地、集水盆地或水流区域等来描述流域。流域数据显示了每个流域汇水面积的大小。出水口（或点）即流域内水流的出口，是整个流域的最低处。流域间的分界线即为分水岭。分水线包围的区域成为一条河流或水系的流域，流域分水线所包围的区域面积就是流域面积。

6. 淹没区域的面积计算

洪水淹没是由动态至平衡的渐进过程，确定最终淹没范围，通常有两种方法：基于水量的洪水淹没范围计算和基于水位的洪水淹没范围计算。给定水位的模型则相对简单，洪水水位数据的获取也较为容易，在实际防洪过程中更具参考价值，故本实验采用基于水位的淹没分析。基于水位的淹没分析分两种情形：无源淹没和有源淹没。有源淹没考虑淹没区之间的连通状况，在洪水模拟中更加合理。

7.2.4 实验内容

（1）提取重庆北部地区河流网络及流域范围。

（2）在假设条件下计算暴雨－淹没区域面积。

7.2.5 实验步骤

1. 河网提取及流域范围划分

第一步，数据准备。

在 ArcMap 中依次添加 **ex07\dem100** 下的 **dem100**、**ex07\CQmap** 下的 **CQmap.shp** 和 **ex07\CQriver** 下的 **CQriver.shp**，对河流进行分级显示，如图 7.3 所示。通过属性查询可知，DEM 数据为投影坐标系，分辨率为 100 m × 100 m。查验数据无误后，可暂时移除 CQmap 和 CQriver 图层。

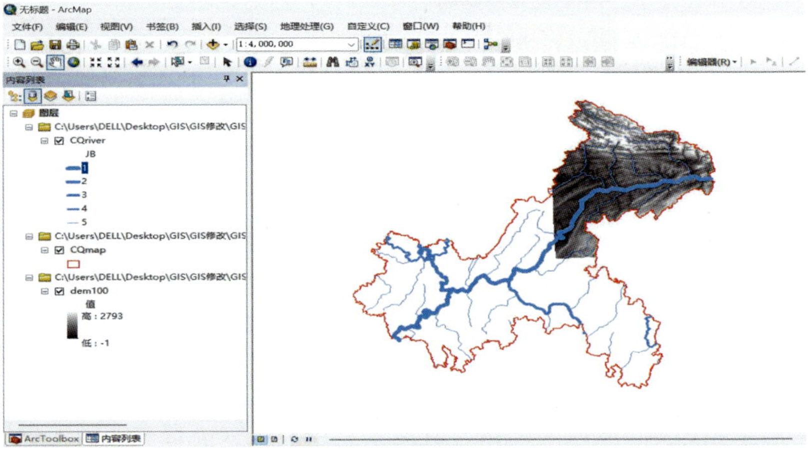

图 7.3 实验数据查验

第二步，无洼地 DEM 生成。

接下来，首先基于 DEM 数据进行洼地填充。在 **ArcToolbox — Spatial Analyst 工具—水文分析**下，双击**填洼**，在弹窗中设置参数**输入表面栅格数据**为 **dem100**，**输出表面栅格**为 **filldem**（保存于新建文件夹 **Filldem** 下）。***Z* 限制**是设置阈值，在洼地填充过程中，那些洼地深度大于阈值的地方将作为真实地形保留，不予填充；系统默认情况是不设阈值，即所有的洼地区域都将被填平。单击**确定**完成操作，生成填充后的 DEM 图层如图 7.4 所示。通过与原数据对比可见，数据中的低值部分有相应变化。

图 7.4 经过洼地填充生成的无洼地 DEM

第三步，流向分析。

在前面得到的无洼地 DEM 数据的基础上继续进行流向分析。在 **ArcToolbox — Spatial Analyst 工具—水文分析**下，双击**流向**，在弹窗中设置：**输入表面栅格数据**为 **filldem**，**输出流向栅格数据**为 **flowdir**（保存于新建文件夹 **Flowdir** 下），**强制所有边缘像元向外流动**和**输出下降率栅格数据**为**空值**（默认流向类型为 D8），单击**确定**完成操作，结果如图 7.5 所示。

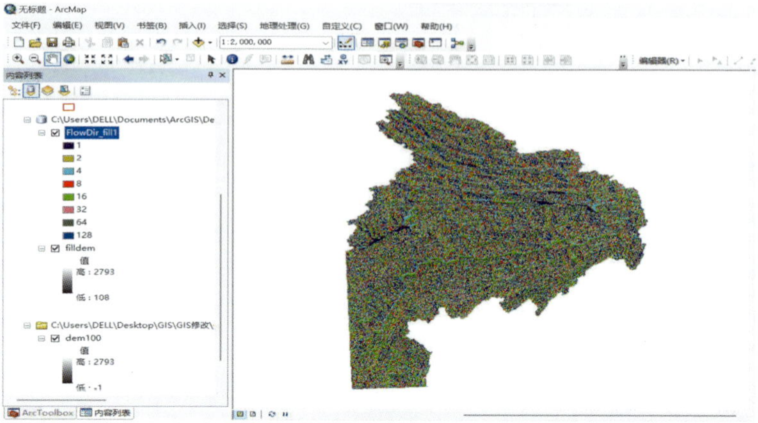

图 7.5 基于填洼后 DEM 计算生成的河流流向

第四步，流量分析。

获得流向数据后，继续进行流量分析。在 **ArcToolbox—Spatial Analyst 工具—水文分析**下，双击**流量**，在弹窗中设置参数**输入流向栅格数据**为 **flowdir**；**输出蓄积栅格数据**为 **flowacc**（保存于新建文件夹 **flowacc** 下）；**输出数据类型**为 **FLOAT**；**输入权重栅格数据**为**空值**，权重数据一般是考虑到降水、土壤及植被等对径流影响的因素分布不平衡而得到的，对每一个栅格赋权重能更详细模拟该区域的地表特征，如果无权重数据，系统默认所有栅格的权重为 1，单击**确定**完成，计算结果如图 7.6 所示。

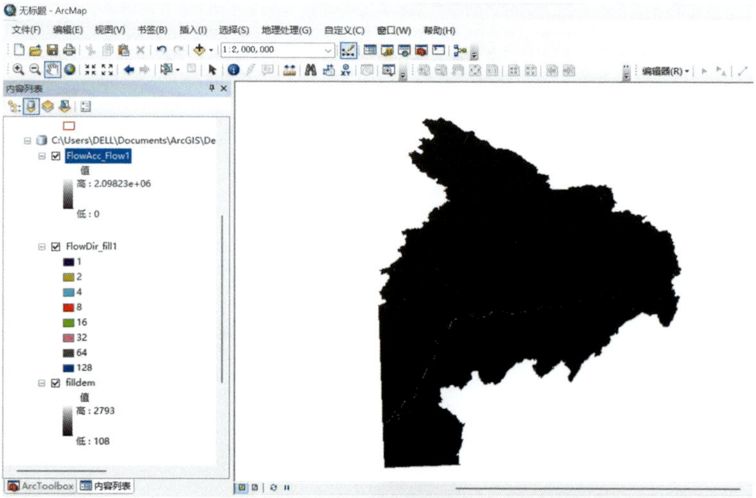

图 7.6 计算生成的重庆北部地区河流流量示意

第五步，河网分析。

基于无洼地 DEM 计算获得流量数据后，继续进行河网分析，可提取出栅格和矢量河网数据。

首先，在 **ArcToolbox—Spatial Analyst 工具—地图代数**下，双击**栅格计算器**，打开栅格计算器工具，在计算器的空白处输入 **Con("flowacc" > 10000,1)**，即**输入栅格**数据为 **flowacc**，使用的**条件分析**为 **Con**，**输出栅格**为 **streamnet**，单击**确定**完成，计算结果如图 7.7 所示。栅格河网的形成思想是利用所设定的阈值对整个区域分析并生成一个新的栅格图层，其中汇流量大于阈值（这里设为 10000）的栅格设定为 1，而小于或等于阈值的栅格设定为无数据。

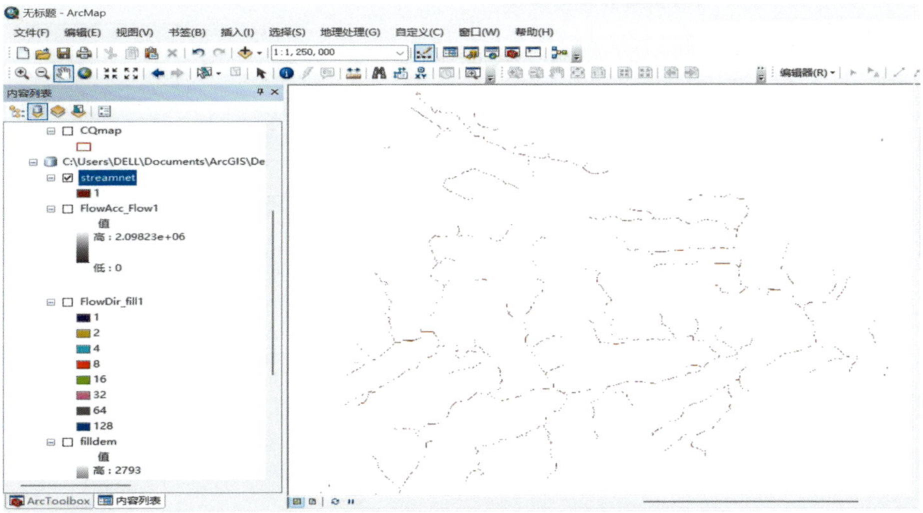

图 7.7　基于流量生成的河网数据

其次，进行河网分级。在 **ArcToolbox—Spatial Analyst 工具—水文分析**下，双击**河网分级**，打开河网分级工具，设置相关参数：**输入河流栅格数据**为 **streamnet**，**输入流向数据**为 **flowedir**，**输出栅格**为 **flowstr**（保存于新建文件夹 **flowstr** 下），**河网分级方法**为 **STRAHLER**，单击**确定**，计算结果如图 7.8 所示。

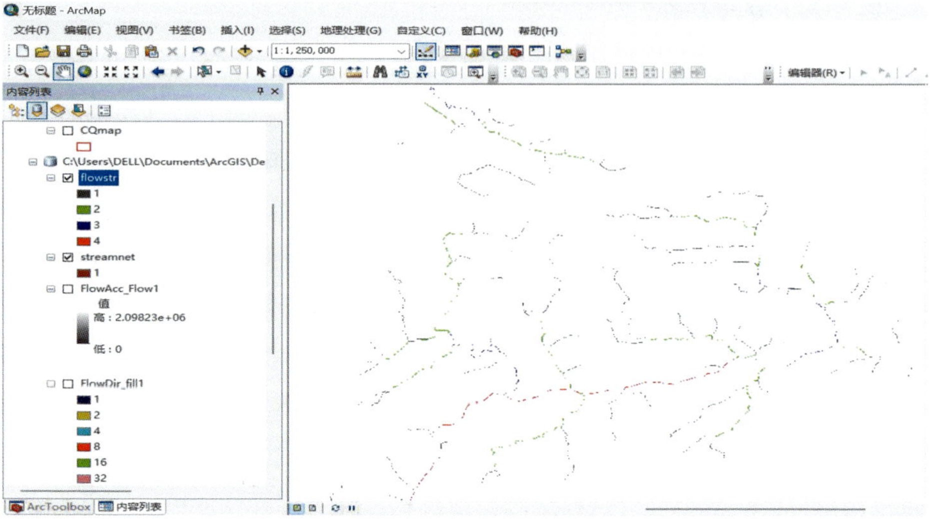

图 7.8 基于 GIS 水文分析的重庆北部地区河网分级

最后，进行栅格河网矢量化。在 **ArcToolbox—Spatial Analyst 工具—水文分析**下，双击**栅格河网矢量化**，在弹窗中设置相关参数：**输入河流栅格数据**为 **flowstr**，**输入流向栅格数据**为 **flowdir**，**输出折线要素**为 **streams**（保存于新建文件夹 **streams** 下），勾选**简化折线**选项，单击**确定**可获得基于 GIS 水文分析获得的重庆北部地区矢量河网。对其进行分级显示之后与重庆地区河流分布矢量数据（CQriver）中的河流分布做比较，发现二者的相似度较高（图 7.9），说明基于 GIS 水文分析获取的河网分布相对于实际的河网分布有着较高的科学性。

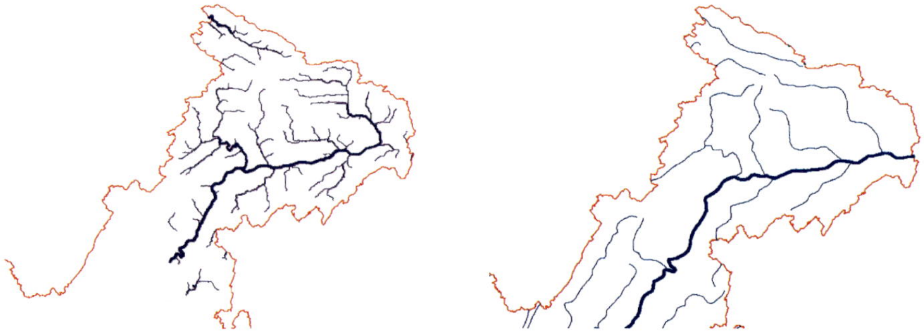

（a）　　　　（b）

图 7.9 基于 GIS 水文分析的重庆北部地区矢量河网（a）和重庆北部地区河流分级（b）示意

第六步，流域的划分。

流域盆地是由分水岭分割而成的汇水区域，可利用水流方向确定出所有的相互连接并处于同一流域盆地的栅格区域。首先，确定分析窗口边缘出水口的位置，所有流域盆地的出水口均处于分析窗口的边缘。其次，找出所有流入出水口的上游栅格的位置，即为流域盆地集水区。

在 **ArcToolbox—Spatial Analyst 工具—水文分析**下，双击**盆域分析**，在弹窗中设置：**输入水流方向数据**为 **flowdir**；**输出栅格**为 **basin**（保存于新建文件夹 **basin** 下）；单击**确定**完成操作。对数据色带做简单调整后，可见渝北地区可被划分为多个小流域（图 7.10）。

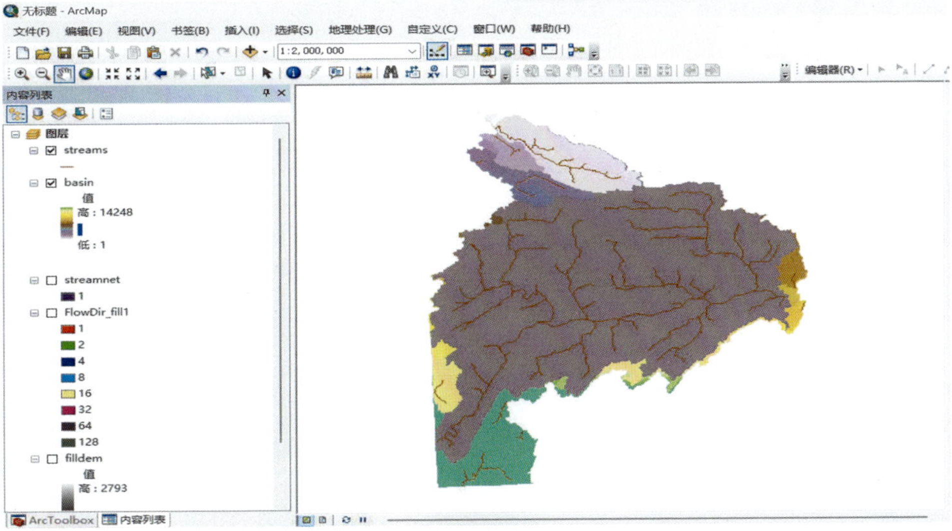

图 7.10　基于 GIS 水文分析的重庆北部地区的流域划分（线状图形为矢量河网数据）

2. 暴雨 – 淹没范围分析

第一步，提取暴雨 – 淹没区域。

在前人的研究中，常常基于基础的水文和气象数据，通过对区域面雨量和对应致洪水位进行建模，来获取降水与洪水临界水位之间的函数关系（王小军 等，2017；张连成 等，2017），抑或分析某观测点淹没水深与面雨量之间的函数关系（白美兰 等，2018）。这里我们假设重庆北部地区某观测点（坐标：109°E，31°N；高程：560 m）淹没水深 (y) 与累计面雨量 (x) 之间的函数关系为 $y=0.02x+0.6$，并给定累计面雨量为 50 mm。基于上述函数关系可知，此时观测点的淹没水深为 1.5 m。即在上述（假定）条件下，渝北地区临界淹没高程为 561.5 m。下面则可以分析和计算在累计面雨量为 50 mm 时，渝北地区暴雨－淹没区域及面积。

重启 Arcmap，并依次添加 **Filldem** 和 **Streams.shp** 数据。

在 **ArcToolbox**—**Spatial Analyst 工具**—**地图代数**下，双击**栅格计算器**，打开栅格计算器工具，因为需要找海拔 **561.5 m** 及以下的区域，所以在计算器空白处输入 **Con("filldem" <= 561.5,1)**，即使用的条件分析为 **Con**，输入栅格为 **filldem**，满足条件的区域被赋值为 1，不满足条件的区域赋值为 0，输出栅格为 **flooded50**（保存于新建文件夹 **flooded50** 下），单击**确定**完成操作，计算结果如图 7.11 所示。

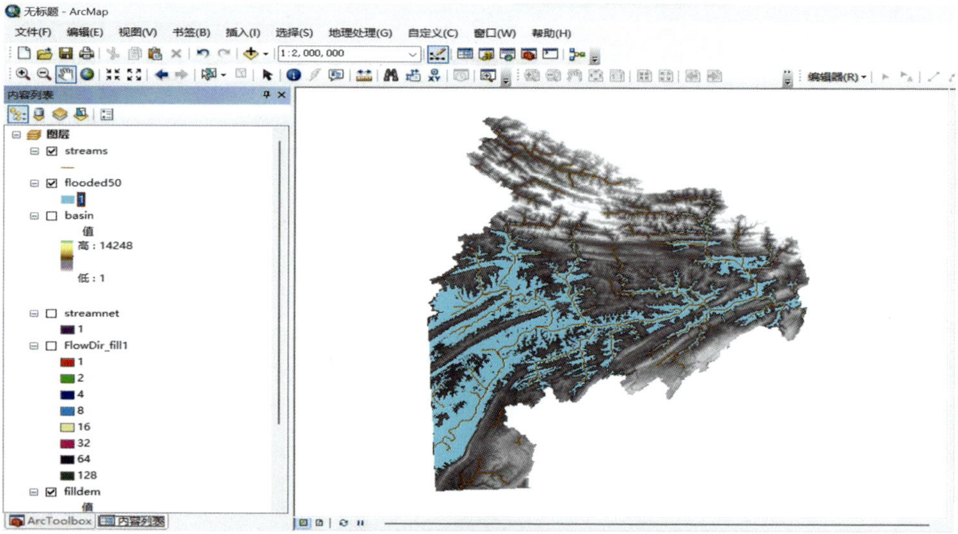

图 7.11 累计面雨量 50 mm 时渝北地区的淹没区域

第二步，计算的淹没区域面积。

若要计算淹没区域面积，需基于投影坐标系下的矢量数据进行，即需首先将上述所得的淹没区域栅格数据转化为面状矢量数据。在 **ArcToolbox**—**转换工具**—**由栅格转出**下，双击**栅格转面**，在弹窗中设置**输入栅格**为 **flooded50**，**输出面要素**为 **Vflooded50**（保存于新建文件夹 **Vflooded50** 下），勾选**简化面**，点击**确定**生成要素面数据，计算结果如图 7.12 所示。

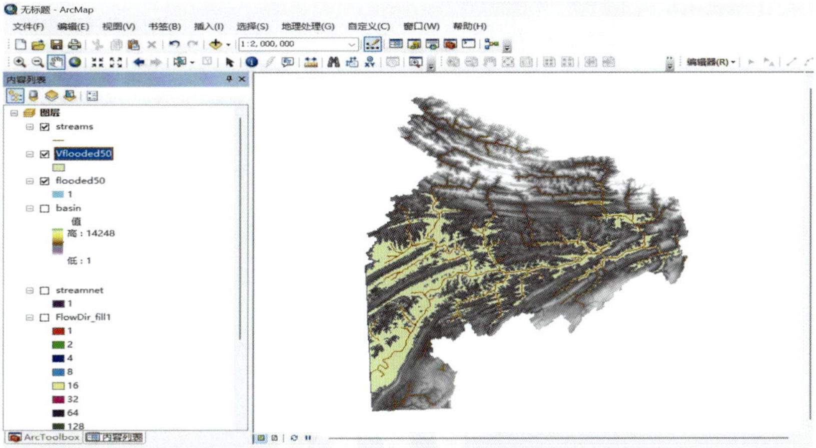

图 7.12　转换为面状矢量数据的淹没区域

检查 **Vflooded50** 图层属性发现该数据为投影坐标（本实验提供的源数据 dem100 为投影坐标 Asia_Lambert_Conformal_Conic），因此，可以直接计算淹没区域的面积。右击 **Vflooded50** 图层，打开**属性表**，在**表选项**中单击**添加字段**打开添加字段对话框，**名称**为 **Area**，**类型**为**浮点型**，单击**确定**，完成添加新字段，右击 **Area**，单击**几何计算**，**属性**选择**面积**，**坐标系**选择**使用数据源的坐标系**，**单位**选择**平方千米**，单击**确定**开始计算，计算得到根据假设的面雨量 – 淹没水深关系，在面雨量为 50 mm 时，渝北地区的暴雨 – 淹没面积为 7071.47 km^2（右击 **Area**，单击**统计**，汇总值即为淹没面积总和）。

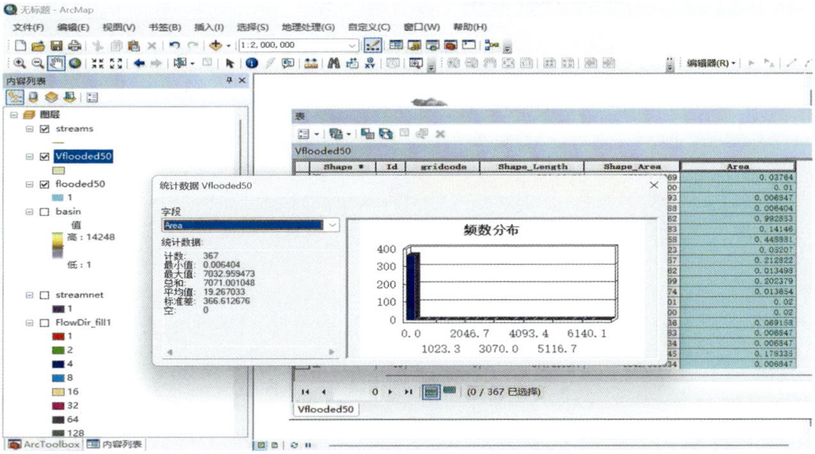

图 7.13　累计面雨量为 50 mm 时渝北地区的淹没区域面积

7.2.6 实验后记

本次实验主要介绍了一些基本的 GIS 中水文分析模块的应用和暴雨－淹没范围分析的基本流程。如在水文分析中进行了填补洼地、流向流量分析、河网的提取与分级等一系列演示，在计算暴雨淹没区域时根据假设的函数关系得到了给定累计面雨量下某点所对应的淹没高程，并基于此高程计算了全区域的淹没范围。本实验中给出了最基本的操作示意，而实际中的水文分析和暴雨－淹没面积的确定都比本实验要复杂。例如，在进行流量分析时还需要考虑到降水、土壤及植被等权重因子，在计算淹没区域时，学者们更多采用基于水位的有源淹没模型。即基于水文和气象统计资料，首先，获取面雨量与洪水水位之间的函数关系，其次，再基于种子蔓延算法或 FloodArea 工具计算淹没区域（戴雨菡 等，2016；王小军 等，2017；张连成 等，2017），有条件的读者可以自行尝试。

第 8 章 气候资源区划

8.1 气候区划基础

在应用气象中，常常基于某地气候特征、地理概况等信息建立一定的指标，对该地的气候条件进行综合的鉴定分析，将该地科学地划分为数个气候资源相异的子区域，从而对产业、农业给予一定的指导。

就农业气候区划而言，区划过程就是对一地的气候条件进行农业鉴定分析，根据一定的农业气候指标，遵循农业气候相似原则，将一较大地区分成若干农业气候特征相似的区域。这其中，区划范围一般是国家、省（区、市）、大区、县（市、区），区划对象可以是某一种作物，也可以是某几种作物的综合，建立的区划指标需具有明确的农业意义并能够反映区域间农业特征质变的差异，区划结果一般以 GIS 专题图的方式呈现。

气候区划专题图的绘制需要综合地运用 GIS 空间分析中的空间插值、投影变换、DEM 分析及地图代数等方法，下面就以实验 8 为例，在暂不考虑产业或农业指标的情况下，对气候区划的 GIS 操作流程进行演示，目的在于使读者熟悉气候区划的 GIS 分析流程及技术手段。

8.2 实验 8 简单气候区划

8.2.1 实验目的

（1）熟悉空间区划的分析流程。

（2）熟悉基于 DEM 计算坡度和坡向的方法。

（3）熟悉矢量型和栅格型数据的综合分析。

8.2.2 实验数据

（1）气象数据：川渝地区站点数据，Shapefile 文件，该数据包含川渝地区 118 个站点的省份、站号、经度、纬度，以及夏季气候平均的日平均气温、日最高气温、日最低气温、日均降水量、日均相对湿度、日均日照时数和风速等气象要素，存于 ex08\Cysta 下。

（2）川渝地区省（市）界范围 Shapefile 文件，存于 ex08\Cymap 下。

（3）地理信息数据：中国范围 DEM 数据，存于 ex08\dem 下。

（4）生态环境数据：亚洲范围植被覆盖数据，存于 ex08\PCSndvi 下。

8.2.3 实验理论基础（汤国安，2019）

1. 数字高程模型

数字高程模型（Digital Elevation Model，DEM）特指数字地形模型中地形属性为高程时的情况。所谓数字地形模型（Digital Terrain Model，DTM）是定义于二维区域上的一个有限项的向量序列，它以离散分布的平面点来模拟连续分布的地形。DTM 是地形表面形态属性信息的数字表达，是带有空间位置特征和地形属性特征的数字描述，二维表面上连续变化的地理特征，如地面温度、降水、地球磁力、重力、土地利用、土壤类型等其他地面诸特征。

DEM 中的高程是地理空间中的第三维坐标，其数学表达为 $z=f(x, y)$，DEM 作为 DTM 的一个子集，是 DTM 的基础数据、最核心部分，可以从中提取出各种地形信息，如高度、坡度、坡向、粗糙度，此外，DEM 还可应用在多个方面，如地形曲面拟合、地形立体透视图、通视分析、流域地貌提取及结合其他空间数据进行综合空间分析等。

2. 地形因子

基于 DEM 可以提取坡度和坡向等地形因子。其中，地表面任一点的坡度（Slope）是指过该点的切平面与水平地面的夹角（图 8.1）。坡度表示地表面在该点的倾斜程度，其简化的计算公式为 $\text{Slope}=\arctan\sqrt{f_x^2+f_y^2}$，其中 f_x 是 x 方向高程变化率，f_y 是 y 方向高程变化率。

实际应用中，坡度有两种表示方法：一种是坡度（degree of slope），即水平面与地形面之间夹角；一种是坡度百分比（percent slope），即高程增量与水平增量之比的百分数。

坡向指地表面上一点的切平面的法线矢量在水平面的投影与过该点的正北方向的夹角（图 8.1），其数学表达式为 $\text{Aspect}=\arctan\dfrac{f_y}{f_x}$。

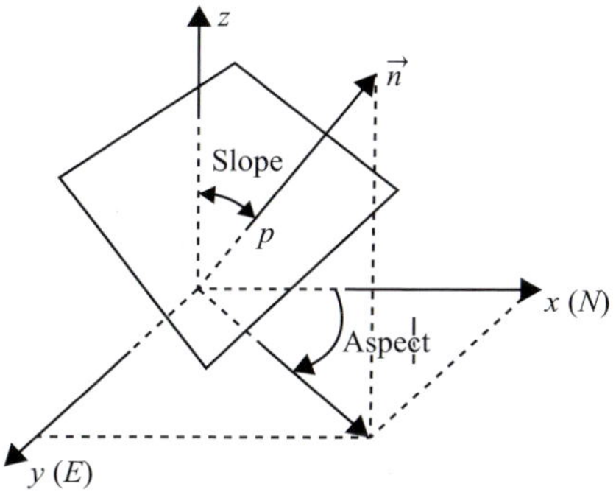

图 8.1　地表单元坡度、坡向示意图

对于地面任何一点来说，坡向表征了该点高程值改变量的最大变化方向。在输出的坡向数据中，坡向值有如下规定：正北方向为 0°，按顺时针方向计算，取值范围为 0°～360°。

8.2.4　实验内容

（1）处理并绘制川渝地区气象要素指标图，其中降水量、气温和日照时数的权重分别为 0.4、0.3 和 0.3。

（2）处理并绘制川渝地区地形要素指标图，其中海拔、坡度和坡向的权重分别为 0.4、0.3 和 0.3。

（3）处理并绘制川渝地区生态要素指标图。

（4）处理并绘制川渝地区气候区划图，其中气象、地形和生态指标的权重分别为 0.4、0.4 和 0.2。

8.2.5 实验步骤

1. 数据预处理

第一步，统一坐标系统。

首先，在 ArcCatalog 中将 ex06 文件夹设置为连接文件夹。其次，启动 ArcMap，并依次添加 **Cysta**、**Cymap**、**Chinadem** 和 **ndvi** 四个数据图层。检查这四个图层的图层属性，发现 ndvi 图层（图 8.2）为投影坐标系统（Asia_Lambert_Conformal_Conic），而其他三个图层均为地理坐标系统（GCS_WGS_1984）。由于在后续处理中，坡度、坡向的计算需要在投影坐标系统下完成，地图代数功能亦要求参与计算的图层坐标系统一致，因此，首先需要对 Cysta、Cymap 和 Chinadem 三个图层进行投影变换。

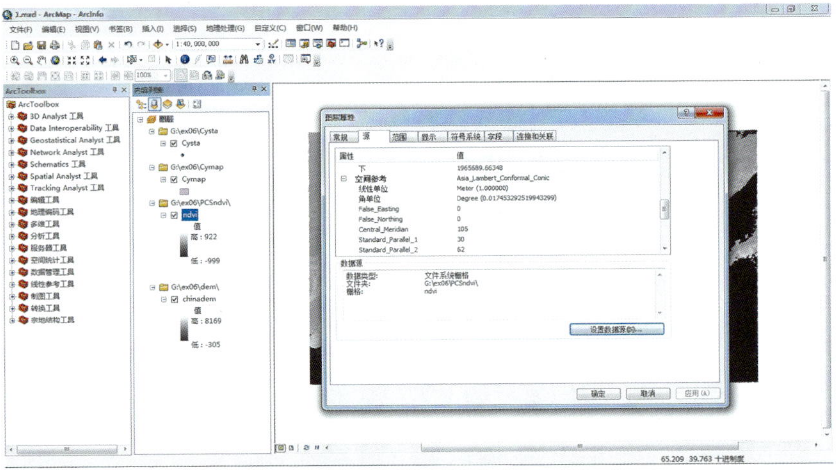

图 8.2 查询 ndvi 图层的空间参考信息

Cysta 和 Cymap 是矢量型数据，可以使用矢量型数据的投影转换工具批处理执行，在 **ArcToolbox**—**数据管理工具**—**投影和变换**—**要素**下，右击**投影**—单击**批处理**，由于有两个图层待处理，因此，先单击**添加行**，再双击**行 1** 控件进入**投影：1** 的设置弹窗，在其中设置**输入数据集或要素类**为 **Cysta.shp**；**输出数据集或要素类**保存在 **ex08\PCSsta** 文件夹（需新建并改名）之下，**保存类型**为**地理数据集**，**名称**为 **PCSsta.shp**，单击**保存**返回**投影：1** 设置弹窗；**输出坐标系**处，单击右侧控件进入**空间参考属性**弹窗—单击**选择**—双击 **Projected Coordinate Systems**—双击 **Continental**—双击 **Asia**—单击 **Asia**

Lambert Conformal Conic.prj—单击**添加**—单击**应用**—单击**确定**后返回**投影：1** 设置弹窗，单击**确定**返回投影批处理弹窗。接下来双击**行 2** 控件进入**投影：2** 的设置弹窗，按照上述步骤对 Cymap 图层进行类似的设置（图 8.3），设置完成后，在批处理弹窗检查两个图层批处理设置无误后单击**确定**进入运算。ArcMap 运算完成后自动添加 PCSsta 和 PCSmap 两个图层，在图层属性检查其是否成功转换为投影坐标系统，若无误，则可进入下一步对 dem 图层的投影变换处理。

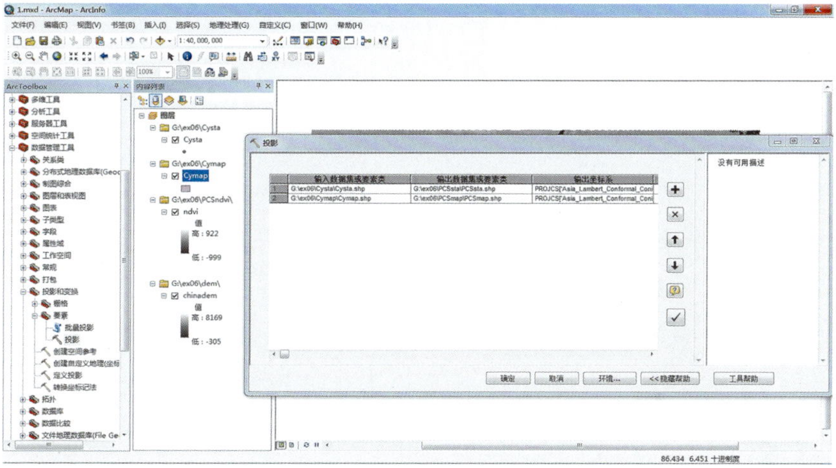

图 8.3　对 Cysta 和 Cymap 两个图层进行投影批处理

Chinadem 是栅格型数据，使用栅格数据的投影栅格工具执行。在 **ArcToolbox**—**数据管理工具**—**投影和变换**—**栅格**下，双击**投影栅格**，在弹窗中设置**输入栅格**为 **Chinadem**；**输出栅格数据集**保存在 **ex08\PCSdem** 文件夹（需新建并改名）之下，**保存类型**为**栅格数据集**，**名称**为 **PCSdem**，单击**保存**返回投影栅格弹窗；**输出坐标系**处，单击右侧控件进入**空间参考属性**弹窗—单击**选择**—双击 **Projected Coordinate Systems**—双击 **Continental**—双击 **Asia**—单击 **Asia Lambert Conformal Conic.prj**—单击**添加**—单击**应用**—单击**确定**后返回投影栅格弹窗（图 8.4），检查无误后单击**确定**进入运算。

运算完成后 ArcMap 自动添加 PCSdem 图层，同样，在图层属性检查其是否成功转换为投影坐标系统，若无误，则移除原来的 Cysta、Cymap 和 Chinadem 三个地理坐标系统的图层。至此 PCSsta、PCSmap、PCSdem 和 ndvi

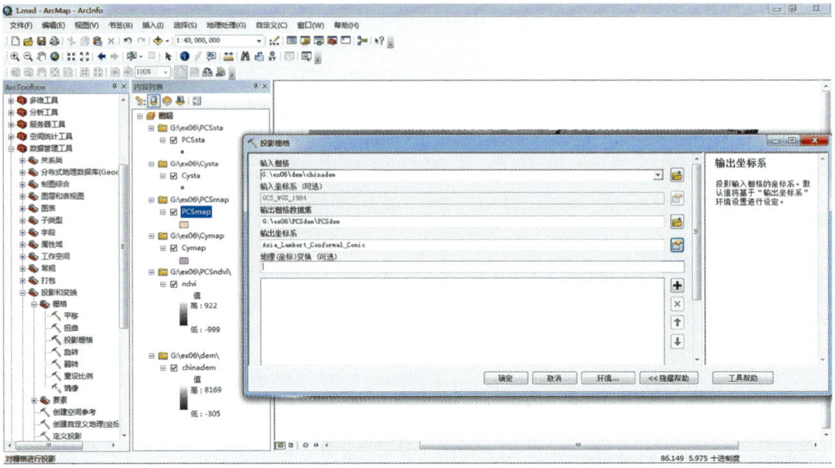

图 8.4 对 Chinadem 图层进行投影栅格处理

四个数据图层完成了坐标系统的统一，即已统一为 Asia_Lambert_Conformal_Conic 投影坐标系统，可保存地图文档进入下一步。

第二步，统一数据的格式和空间分辨率。

此时，四个数据图层虽然坐标系统一致，但数据格式和空间分辨率还不尽相同（可在图层属性中查看）。气象要素数据 PCSsta 图层是矢量数据，地形数据 PCSdem 和植被数据 ndvi 两个图层是栅格数据，且 PCSdem 和 ndvi 的空间分辨率亦不相同。这里可对 PCSsta 数据做空间插值，从而得到气象因子的栅格数据，对 PCSdem 和 ndvi 两个图层数据则通过栅格数据重采样来统一空间分辨率。

气象要素指标包含降水量、气温和日照时数三个因子，因此，我们可以使用批处理的方式对这三个因子进行空间插值。在 **ArcToolbox—spatial analyst 工具—插值**下，右击**克里金法**—单击**批处理**，在弹窗中双击**行 1** 控件进行插值设置：①**输入点要素**浏览选择 **PCSsta.shp**；②***Z* 值字段**下拉选择**平均气温**；③**输出表面栅格**浏览选择 **ex08\Kriging** 文件夹（需新建并改名）下，**保存类型**为**栅格数据集**，**名称**为 **tem**，单击**保存**返回**克里金：1** 的设置弹窗；④**输出像元大小**处，键入 **5000**（即栅格大小为 5 km×5 km）；⑤其他插值设置保持默认或空白即可，单击**确定**返回克里金批处理弹窗。单击**行 1** 控件选中，单击右侧**添加行**两次，可复制上述插值设置（图 8.5），这里由于三个气象因子都在同一个图层中存储，因此，**输入点要素**项不需再做更改，***Z* 值字段**在**行 2** 中改为降水量、**行 3** 中改为**日照时数**，**输出表面栅格**将**行 2** 中 tem 改为 **pre**、**行 3** 中改为 **ssd**，其他项目均保持一致不做改动（图 8.6）。检查无误后，单击**环境**进入设置，将**处理范围**设置为**与数据集 PCSmap.shp 相同**，将**栅格分析**中的**掩膜**设置为 **PCSmap.shp**，单击**确定**返回批处理弹窗，再单击**确定**进入运算。

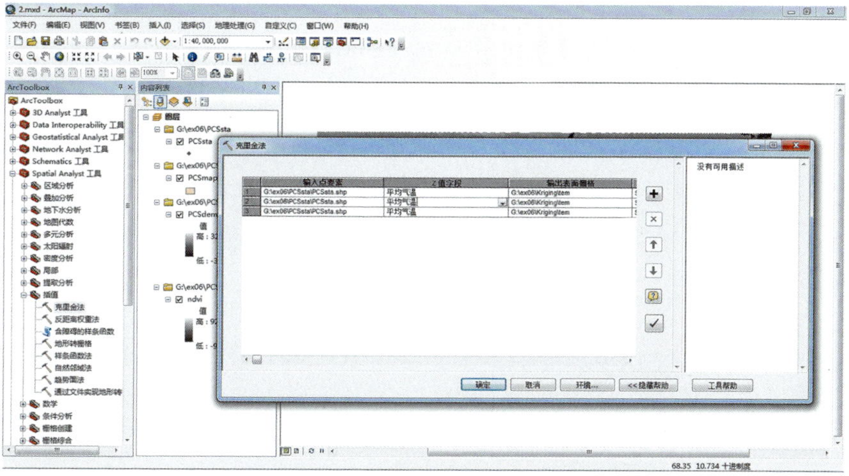

图 8.5　设置气温要素的克里金插值批处理

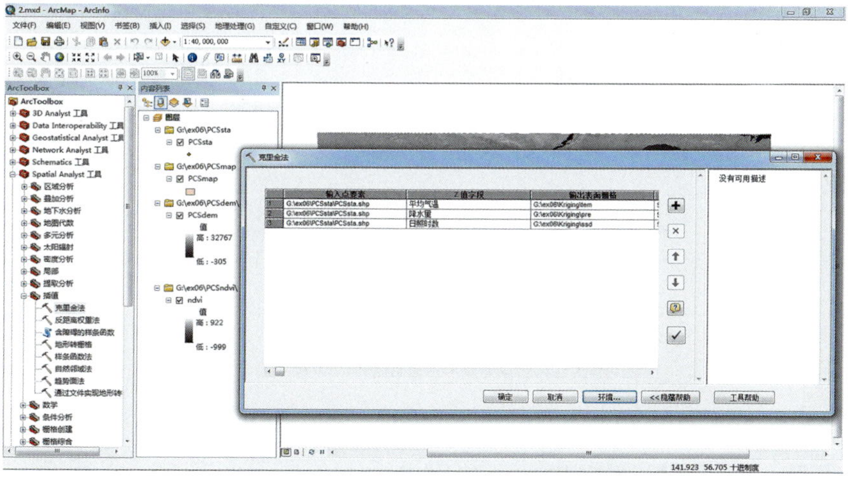

图 8.6　设置降水量和日照时数要素的克里金插值批处理

完成运算后，ArcMap 自行添加 **ssd**、**pre** 和 **tem** 三个图层，且均以默认分类色带的方式显示。这是由于是批处理的方式，所以给出的色带间隔是一致的，但实际上三个数据的值域范围是不相同的。读者可查看三个图层的图层属性，若栅格**行**、**列数**和**像元大小均一致**、**最大**、**最小值不一致且**与 PCSsta 图层属性表中的原始数据能相对应，则表示克里金插值批处理成功。

接下来，使用重采样方法对 PCSdem 和 ndvi 图层做分辨率统一处理。在 **ArcToolbox**—**数据管理工具**—**栅格**—**栅格数据处理**下，右击**重采样**—单击**批处理**，在弹窗中先添加一行，再双击**行 1** 控件进入重采样设置，**输入栅格**浏览选择 **ndvi**；**输出栅格数据集**浏览选择 **ex08\PRndvi** 文件夹下、**保存类型**为**栅格数据集**、名称为 **PRndvi**，单击**保存**返回**重采样：1** 设置弹窗；**输出像元大小**键入 **5000**，**重采样技术**可使用默认的 **NEAREST**，单击**确定**返回批处理弹窗，继续双击**行 2** 控件针对 PCSdem 图层做类似设置，将重采样栅格保存在 **ex06\PRdem** 文件夹下取名为 **PRdem**，检查无误后（图 8.7）单击**确定**进入运算。

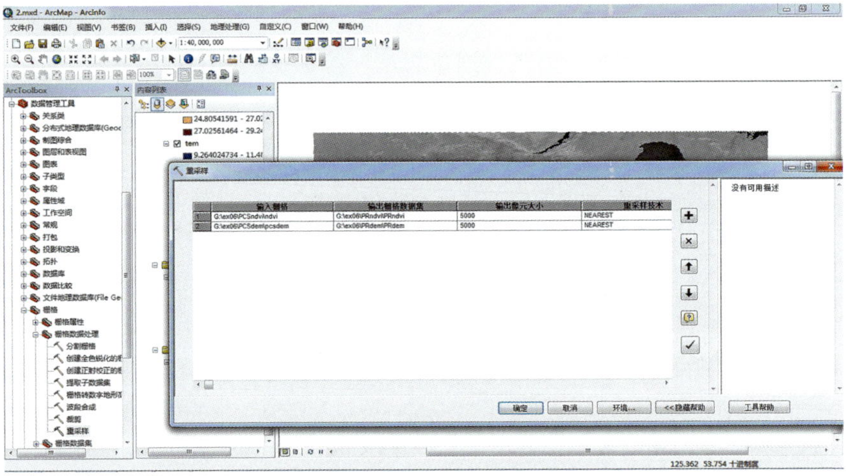

图 8.7　设置 PCSdem 和 ndvi 图层的重采样批处理

完成运算后，ArcMap 自行添加 **PRndvi** 和 **PRdem** 两个图层，在图层属性中检查，若二者的像元大小一致为 **5000**，则表示重采样成功，可保留 **ssd**、**pre**、**tem**、**PCSmap**、**PRndvi** 和 **PRdem** 共 6 个图层而移除其他图层，保存文档并进入下一步。

第三步，统一数据的空间范围。

接上步，在保留的数据图层中，**PRndvi** 和 **PRdem** 还不是川渝地区范围，需要做提取处理。在 **ArcToolbox**—**Spatial Analyst 工具**—**提取分析**下，右击

按掩膜提取—单击**批处理**—在**行 1** 中设置**输入栅格**为 **prndvi**，**输入栅格数据或要素掩膜数据**为 **tem**（即使用插值后的 tem 栅格图层做掩膜），**输出栅格**保存在 **ex08\Indvi** 文件夹下，**保存类型**为**栅格数据集**、**名称**为 **Indvi**，单击**保存**—单击**确定**，同样设置**行 2** 中**输入栅格**为 **prdem**，**输入栅格数据或要素掩膜数据**为 **tem**，**输出栅格**保存在 **ex08\Idem** 文件夹下，**保存类型**为**栅格数据集**、**名称**为 **Idem**，单击**保存**—单击**确定**返回批处理弹窗，检查无误（图 8.8）后单击**确定**进入运算。

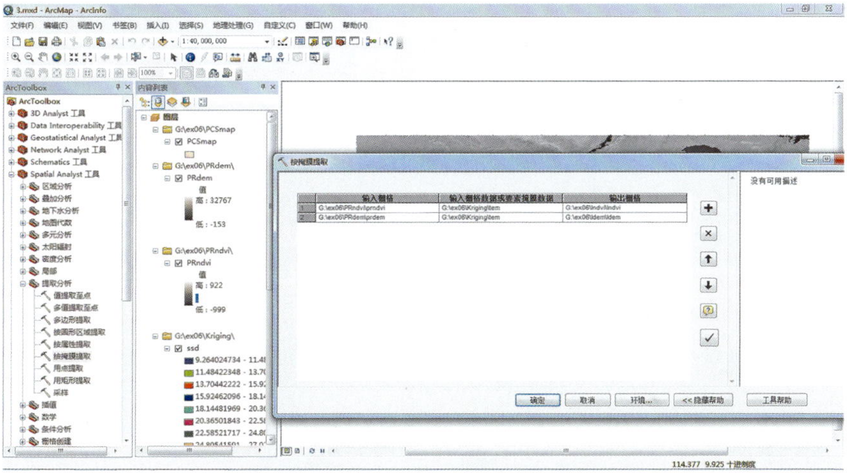

图 8.8　设置 PRndvi 和 PRdem 图层按掩膜提取批处理

完成运算后，ArcMap 自行添加 **Indvi** 和 **Idem** 两个图层，在图层属性中检查，若二者的**行**、**列数**一致且与 **tem** 图层相同，则表示提取分析成功，可移除 **PRndvi** 和 **PRdem** 图层，保存文档并进入下一步。

2. 地形因子处理

第一步，基于川渝地区 DEM 计算坡度坡向。

通过上述步骤，已经获取的除坡度、坡向外的所有基本指标因子，且这些因子图层格式、分辨率、坐标系统及空间范围均一致，接下来便计算获得剩余的这两个因子。

首先重启 ArcMap，添加川渝地区数字高程 **Idem** 图层和川渝省（市）界 **PCSmap** 图层，并将川渝省（市）界底图中空显示。之后在 **ArcToolbox**—**Spatial Analyst 工具**—**表面分析**下，双击**坡向**—设置**输入栅格**为 **Idem**，**输出**

栅格路径为 **ex08\Iasp** 文件夹（需新建并改名）下，**保存类型**为**栅格数据集**，**名称**为 **Iasp**，单击**保存**返回坡向弹窗（图 8.9），单击**确定**进入计算，计算完成后的坡向图层如图 8.10 所示，按方位分类颜色显示。

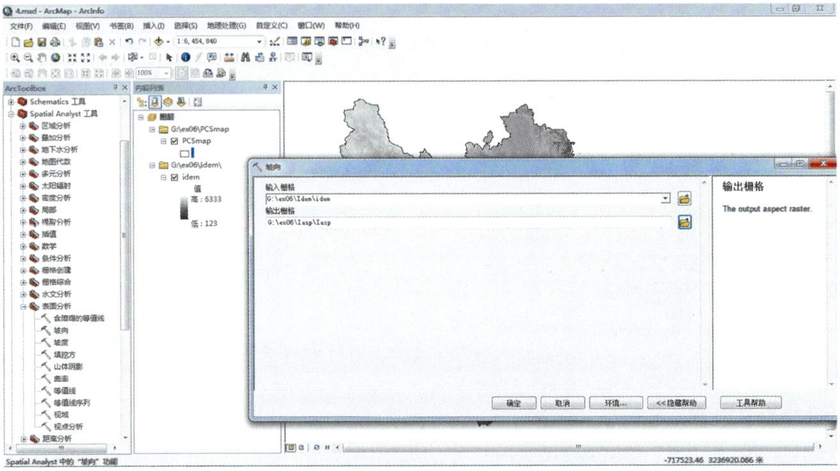

图 8.9　基于川渝地区 DEM 数据计算坡向

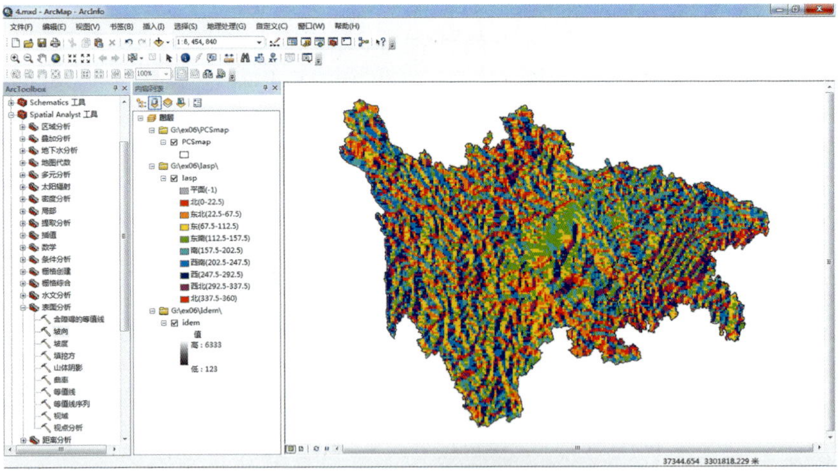

图 8.10　川渝地区坡向计算结果

继续双击**表面分析**下的**坡度**，设置**输入栅格**为 **Idem**，**输出栅格**路径为 **ex08\Islp** 文件夹（需新建并改名）下，**保存类型**为**栅格数据集**，**名称**为 **Islp**，单击**保存**返回坡度弹窗，**输出测量单位**和 ***Z* 因子**保持默认的 **DEGREE** 和 **1**，不做改动。之后单击**确定**进入计算，计算完成后的坡度图层如图 8.11 所示。

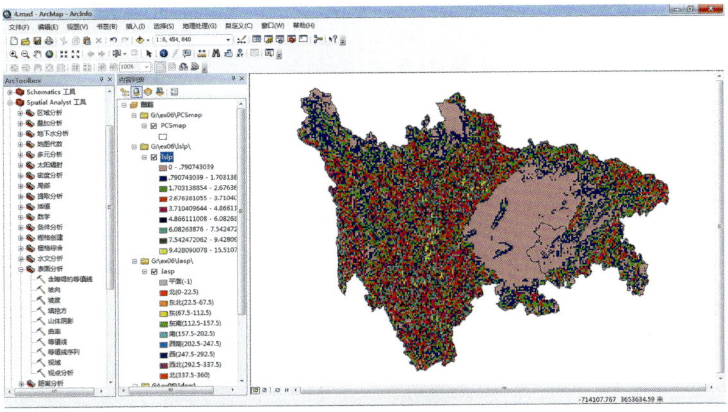

图 8.11　川渝地区坡度计算结果

第二步，根据因子权重计算地形要素指标。

这时已获取地形要素所有因子，可按照实验内容中给定的权重基于栅格计算器计算地形要素指标。海拔数据对应 Idem 图层，其权重为 0.4；坡度数据即 Islp 图层，其权重为 0.3；坡向数据即 Iasp 图层，其权重为 0.3。这三个图层行列数一致，可做栅格运算。在 **ArcToolbox—Spatial Analyst 工具—地图代数**下，双击**栅格计算器**—设置**输出栅格**为 **Ter**，保存在 **ex06\terrain** 文件夹（需新建并改名）下；**地图表达式**处输入语句 **"Islp" * 0.3 + "Iasp" * 0.3 + "Idem" * 0.4**，单击**确定**进入计算。计算完成后 ArcMap 自动添加 Ter 图层，其数据显示结果如图 8.12 所示。此时可移除 Islp、Iasp 和 Idem 三个图层，保存地图文档进入下一步。

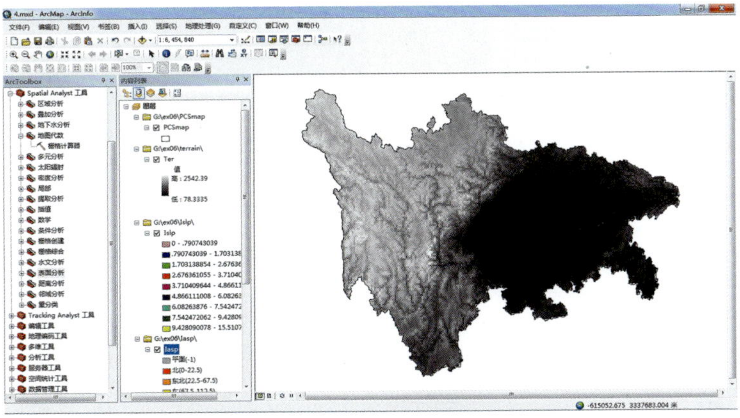

图 8.12　地形要素指标计算结果

3. 气象和生态因子处理

第一步，根据因子权重计算气象要素指标。

计算气象要素指标的所有 3 个因子亦在上述步骤中准备完毕，在文档中添加 pre、tem 和 ssd 三个图层后，可按照实验内容中给定的降水量因子权重 0.4、气温因子权重 0.3 和日照时数因子权重 0.3 进行计算。在 **ArcToolbox—Spatial Analyst 工具—地图代数**下，双击**栅格计算器**—设置**输出栅格**为 **Cli**，保存在 **ex08\climate** 文件夹（需新建并改名）下；**地图表达式**处输入语句 **"pre" * 0.4 + "ssd" * 0.3 + "tem" * 0.3**，单击**确定**进入计算。计算完成后 ArcMap 自动添加 Cli 图层，其数据显示结果如图 8.13 所示。此时可移除 pre、tem 和 ssd 三个图层，保存地图文档进入下一步。

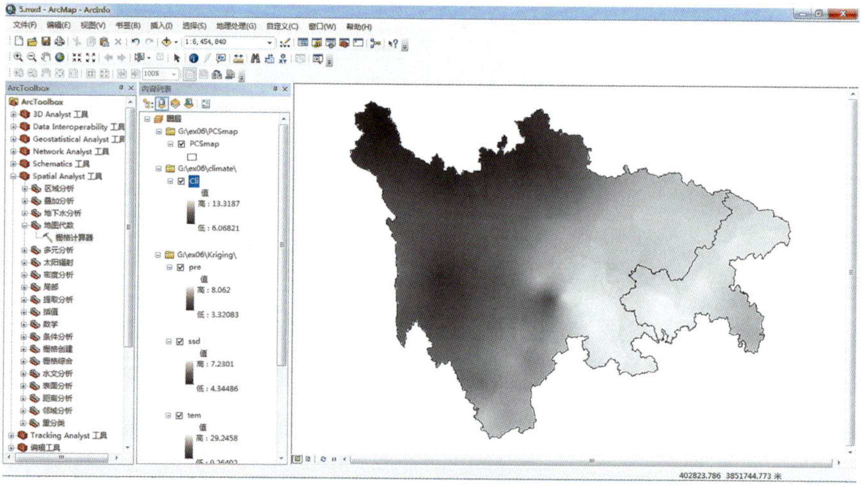

图 8.13　气象要素指标计算结果

第二步，生态要素指标。

在上述分析中，生态要素因子已获得，即 Indvi 图层，由于该项指标只有一个因子，因此，这里只需在 ArcMap 中将前述工作中已处理好的 Indvi 图层添加即完成了生态要素指标的获得，可继续进入下一步工作。

4. 区划指标的计算与结果表达

此时，气象要素指标 Cli 图层、地形要素指标 Ter 图层和生态要素指标 Indvi 图层已准备就绪，按照上述计算分项指标相类似的操作，在**栅格计算器**中输入表达式 **"Indvi" * 0.2 + "Cli" * 0.4 + "Ter" * 0.4**，设置**输出栅格**为

final，保存在 **ex08\final** 文件夹（需新建并改名）下，单击**确定**进入计算即可获得川渝地区气候区划指标的计算结果（图 8.14）。

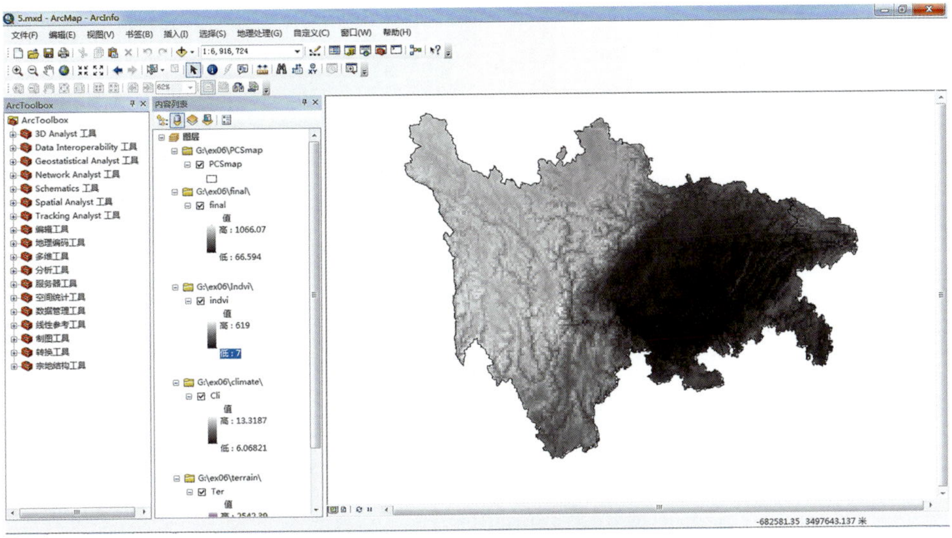

图 8.14　气候区划指标计算结果

此时在内容列表中，依次存在川渝地区省（市）界范围 PCSmap 图层、川渝地区气候区划 final 图层、川渝地区生态指标图层 Indvi、川渝地区气象要素指标图层 Cli 及川渝地区地形要素指标图层 Ter 共 5 个图层。至此所有指标的计算工作已全部完成，可进入专题图制作与保存环节。

首先对气候区划结果进行分级，在 **final** 图层的**图层属性—符号系统—显示**下，将**拉伸**改为**已分类**，在**是否要计算直方图**弹窗中单击**是**，用**自然间断点分级法**将数据分为 **5** 类，修改**色带**，将**标注**依次改为"**条件优秀、条件良好、条件一般、条件不好、条件恶劣**"后单击**确定**。之后切换至布局视图下，添加经纬网、图例及图题，做相应的更改和设置后可导出地图（图 8.15）。

综合区划图绘制完成并导出后，还需给出气象要素指标图、地形要素指标图和生态指标图。此时在 ArcMap 中，文档的显示顺序依次为 final 图层、Indvi 图层、Cli 图层及 Ter 图层，接下来只需一步步依次取消勾选前三个图层并做相应的色带选择、图题和图例编辑即可获得三个分项指标图（图 8.16、8.17 和 8.18）。

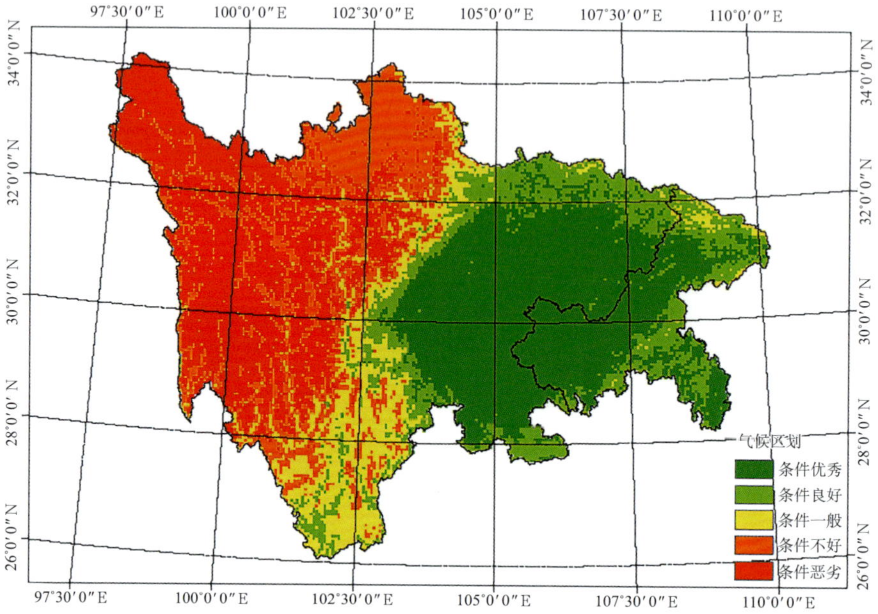

图 8.15　川渝地区气候区划成图

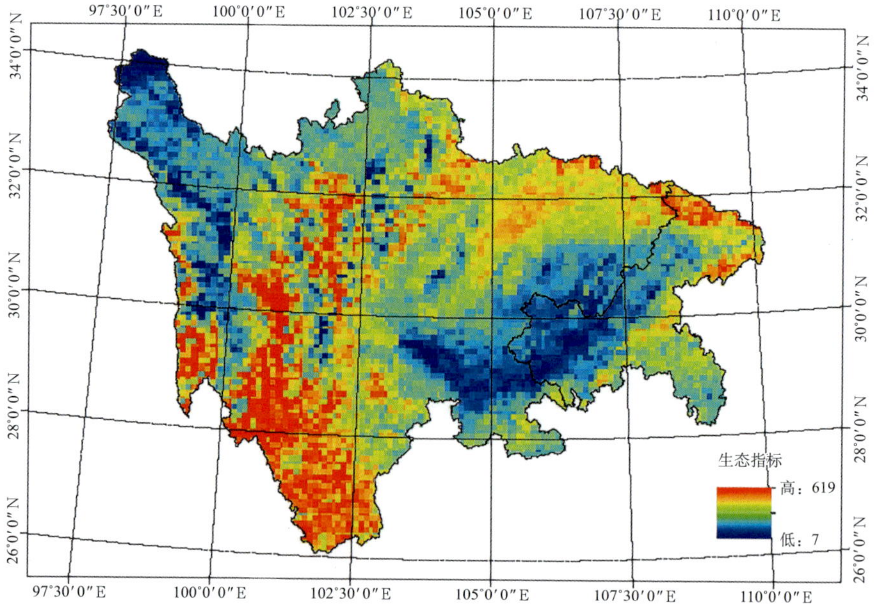

图 8.16　川渝地区生态指标成图

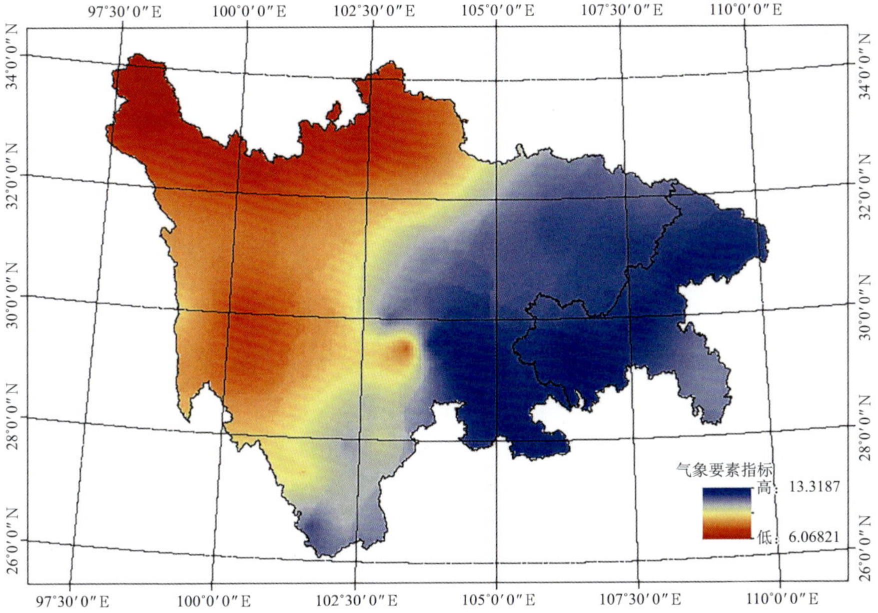

图 8.17　川渝地区气象要素指标成图

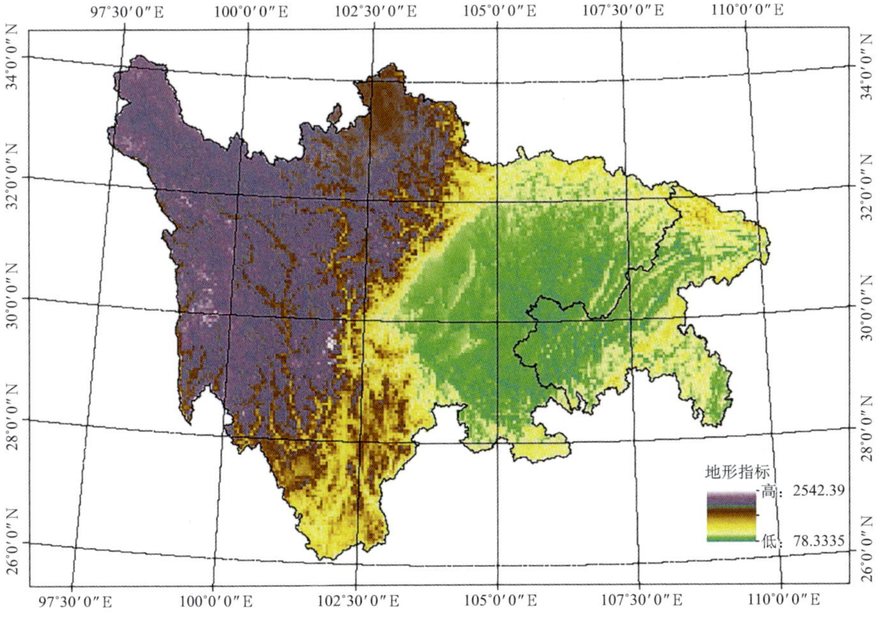

图 8.18　川渝地区地形指标成图

例如，接上步导出气候区划成图后，取消勾选 final 图层，这时地图中显示的是生态指标 Indvi 图层，在其图层属性的符号系统中更改色带、双击标题修改内容、添加图例中的 Indvi 项并做相应修改，最后保存文档并导出地图即可获得图 8.16。最终将川渝地区气象要素指标图 8.17 和地形要素指标图 8.18 导出后则完成了本次气候区划的全部工作。

8.2.6 实验后记

作为一个综合性实验，在本次实验过程中系统地演练了矢量、栅格数据投影变换、矢量数据空间插值、栅格数据重采样、栅格数据提取分析和复合分析及基于 DEM 计算地形因子等空间分析方法。要求读者在熟悉它们的操作原理的同时能够对各种方法的应用做到深入了解。

此外，在本次实验中，多处使用了批处理的方式，当对多个要素或图层做相同的处理时，批处理的方式能够大大简化操作设置，提高效率和准确率，亦需要读者对其用法较为熟悉。

需要指出的是，就气候区划问题而言，由于本次实验的目的主要在于演示 ArcGIS 实现流程，因此，对区划流程进行了一定的简化，里面存在一些不完整之处，如并没有考虑和给出农业或产业指标、在给定各个因子的权重时并没有给出其确定的方法及过程、在对各个因子进行指标综合计算时也没有对指标进行均一化处理等，这些问题在读者的实际工作中还需要有更多的考虑。

参考文献

白美兰，孟玉婧，董祝雷，2018. 山洪致灾阈值确定及定量化评估技术研究及应用 [C]// 第 35 届中国气象学会年会 S10 水文气象灾害形成机理，预报预测预警与风险评估新技术 .

池建，2011. 精通 ArcGIS 地理信息系统 [M]. 北京：清华大学出版社 .

戴雨菡，黄路婷，李明志，等，2016. 基于 FloodArea 模型的龙须河流域暴雨洪涝淹没模拟研究 [J]. 气象研究与应用，37(4)：46-50.

宋小冬，钮心毅，2013. 地理信息系统实习教程（第 3 版）[M]. 北京：科学出版社 .

汤国安，2019. 地理信息系统教程（第二版）[M]. 北京：高等教育出版社 .

汤国安，杨昕，2017. ArcGIS 地理信息系统空间分析实验教程 [M]. 北京：科学出版社 .

王小军，刘光旭，2017. 南方丘陵区流域提取及洪水淹没模拟——以赣江上游为例 [J]. 中国农村水利水电（5）：161-165，169.

杨克诚，2009. GIS 软件实验指导书——基于 ArcGIS Desktop [M]. 昆明：云南大学出版社 .

张连成，江远安，刘精，等，2018. 基于 FloodArea 模型新疆山洪淹没模拟及致灾雨量临界阈值的研究——以皮里青河流域为例 [J]. 干旱区地理，41(1)：48-55.